凝煉知識 品味閱讀

教育部中南區奈米科技K-12教育發展中心系列叢書

Teaching Guide for The Operation of Scanning Electron Microscopy

掃瞄式電子顯微鏡實作訓練教材

薛富盛 呂福興 吳宗明 許薰丰 黃榮鑫 趙文愷 著

五南圖書出版公司 印行

序

隨著高解析儀器與精密製程的發展，奈米科技已成為二十一世紀重大科學發展方向，世界各國無不競相投注大量的人力與資金進行相關研究開發，對跨領域的整合與應用已有相當成就。台灣也將奈米科技視為本世紀推動科技發展的重點方向，教育為百年大計、國之根本，在二十一世紀知識與經濟密不可分，伴隨著新科技的時代潮流，奈米科技教育的普及化、落實奈米科技K-12人才培育，將為國家注入新的教育與經濟力量。

奈米國家型科技計畫之奈米科技K-12人才培育計畫的分項子計畫—「中南區奈米科技K-12教育發展中心計畫」於九十二年八月啓動，由國立中興大學材料工程學系薛富盛教授擔任計畫主持人，計畫執行至今，透過中部七縣市（台中縣市、南投縣、雲林縣、彰化縣、嘉義縣市）夥伴學校及標竿學校的共同推動之下，活動層面已擴展至高中、國中、國小師生，至今參與中南區K-12的標竿學校及夥伴有34所學校，舉辦198場奈米科技研習或推廣活動、種子教師培訓活動等，總共5768人受惠，績效顯著、廣受好評。

奈米人才培育之全程目標乃希望能培育跨領域奈米科技人才，並將奈米技術迅速且有效進行產業化，為強化種子教師在奈米科技儀器原理、操作、應用方面之學習效果及培養獨立操作能力，計畫以實作之方式發展適合K-12之教案與掃瞄式電子顯微鏡（scanning electron microscope，以下簡稱SEM）操作，以達種子教師科學素養教育知識之提昇，並有效落實奈米科技知識之普及。

奈米科技儀器中，SEM扮演強而有力的奈米材料檢測工具，為使種子教師和一般大衆對奈米科技、SEM原理、操作及應用能有更深入的認識與了解，編撰適合高中、國中、小學教師學習的「掃瞄式電子顯微鏡實作訓練教材」書籍，內容包含金屬膜表面刮痕影像分析及骨頭的表面影像分析等實作課程。相信本手冊可提供閱讀者詳細且完備的SEM原理及實務操作等知識，期許達到奈米科技知識傳播及奈米科技教育普及化之目的。

感謝教育部、國科會、國立中興大學及全國奈米科技人才培育推動計畫辦公室對本計畫的支持；中興大學材料科學與工程學系趙文愷、黃榮鑫兩位博士班學生協助資料整理。

本教材內容若有不盡周延或遺漏之處，敬請諸先進不吝指導與匡正。

薛富盛、呂福興、吳宗明、許薰丰　謹識

2009年3月

目錄

第一章　緒　論 1

1-1　電子顯微鏡發展簡介　1

1-1-1　發展沿革　1

1-1-2　電子顯微鏡在材料科學上的應用　3

1-1-3　電子顯微鏡近年發展方向　8

1-2　電子顯微鏡之結構與工作原理　8

1-2-1　電子束與物質的交互作用　8

1-2-2　SEM入射電子束與試片作用的作用體積　10

1-2-3　掃瞄式電子顯微鏡的像建立　11

1-2-4　電子顯微鏡的結構　13

1-2-5　電子槍　13

1-2-6　像差　18

1-2-7　SEM試片製備　21

1-2-8　SEM個產業用途　21

1-3　可攜式掃描電子顯微鏡操作順序說明　22

第二章　實驗部分 31

實驗一：燃料電池質子交換膜膜厚測量與表面分析 31

2-1　質子交換膜燃料電池簡介　31

2-1-1　燃料電池的優點與發展　33

2-2　質子交換膜燃料電池結構簡介　34

2-2-1　雙極板（Bipolar plate）　35

2-2-2　膜電極組（Membrane electrode assembly）　36

2-3　實驗分析　41

2-3-1　添加金屬顆粒重鑄之質子交換膜表面影像分析及重鑄之質子交換膜熱壓前後的膜厚分析　41

實驗二：金屬表面刮痕影像分析 43

3-1 金屬材料金相分析 43

3-1-1 金相定性與定量分析 43

3-1-2 金相分析應用 44

3-2 金屬膜表面刮痕測試簡介 44

3-2-1 影響實驗的因素 45

3-3 實驗分析 47

實驗三：骨骼表面影像分析 48

4-1 骨骼疏鬆與強化簡介 48

4-1-1 造成骨質疏鬆高的因素及危險群 49

4-1-2 含鈣食物一覽表 49

4-2 相關研究參考—骨組織為結構與奈米機械性質之研究 49

4-3 實驗分析 50

實驗四：儲氫合金粉體破裂面影像分析 51

5-1 儲氫合金簡介 51

5-2 儲氫合金的分類 52

5-3 儲氫合金吸放氫動力學與熱力學 54

5-3-1 儲氫合金吸放氫動力學 54

5-3-2 儲氫合金熱力學 55

5-4 實驗結果 57

第三章 參考文獻 61

第一章　緒　論

1-1 電子顯微鏡簡介[1-6]

電子顯微鏡（electron microscope）是指利用電子束與物質的交互作用所產生的繞射現象，配合電磁場偏折與聚焦電子等原理，製備而成的精密儀器。可分析物質的晶體結構（crystal structure）及微組織（microstructure），但由於電子分析儀器與理論快速發展，所以將電子顯微鏡擴大定義為利用電子與物質作用產生之訊號作為分析與鑑定晶體結構、微組織、化學成份（chemical composition）、化學鍵（chemical bonding）和電子分佈（electronic structure）的電子光學儀器。

1-1-1　發展沿革

人類最初用來觀察微小物質的工具為放大鏡，由單一的凸透鏡所製成，而遠在紀元前三千年已有玻璃透鏡的製造。1590年，荷蘭人Hans及 Zacharias Jansen父子發明兩個以上的透鏡組合而成複合式顯微鏡；1673年，由荷蘭人Antonie Van Leeuwenhoek發明第一部實用的光學顯微鏡，自此光學顯微鏡成為科學研究的最重要工具之一。然而，根據瑞萊的準則（Raleigh's Criterion）：

$$S = 0.61\lambda/(n \times \sin\theta)$$

其中，S為解析度，n為介質的折射率，λ為入射可見光之波長，θ為物鏡與試片間的半夾角。

光學顯微鏡之解析度：以自然光為入射光源時為0.25μm；以波長為4000Å的單色光為入射光源時為0.17μm。人類為觀察更微細的物質而促使電子顯微鏡的產生。

電子顯微鏡的發展史如表一所示。

表1-1　電子顯微鏡發展史

年　份	事　　件
1897年	英國人J. J. Thomson發現電子。
1912年	Von Laue發現X光繞射現象，奠定了X光的波動性與利用電磁波繞射決定晶體結構的方法。
1924年	De Bröglie發表物質波理論。
1926年	Schrödinger與Heisenberg發表量子力學理論，建立電子同時具有粒子性與波動性的理論基礎。
1927年	Davisson與Germer以電子繞射實驗證明了電子的波動性。
1934年	Ruska製造了第一部穿透式電子顯微鏡（transmission electron microscope, TEM）。
1938年	第一部商用電子顯微鏡問世。

在1940年代，常用的TEM的電子加速電壓為50～100keV，分辨率約在10nm，最佳可達2-3nm。但由於試片製作不易與缺乏應用的動機，因此鮮少為科學研究者使用。1949年，Heidenreich成功製備鋁及鋁合金薄膜之穿透式電子顯微鏡試片，觀察微結構之像對比並成功以電子繞射原理加以解釋，使TEM在材料科學研究上逐漸顯出其重要性。並且加上試片研磨技術的提升；TEM解析度的提高；晶體缺陷的電子繞射成像對比理論的發展；試片在電子顯微鏡中之傾斜、旋轉等裝置的進步；電磁透鏡聚焦能力的提升，使TEM在科學的研究領域中才被廣泛的使用。

電子顯微鏡的發展以TEM為優先，而SEM則在1935年提出。早期發展的SEM鑑別率不佳，影像處理及訊號處理在技術上一直無法突破，一直到1965年以後，SEM才普獲研究學者的青睞。此後SEM的發展技術日新月異，不但性能的大幅提高，且可附掛的各項材料分析儀器日益增多，如能量散佈光譜儀（energy dispersive spectrometers，EDS）及波長散佈光譜儀（wavelength dispersive spectrometers，WDS）來做化學成份分析等，可應用的涵蓋範圍越來越大，幾乎包含各個研究領域，目前都應用在材料、生物醫學、電子材料、化學、電機、機械、冶金、地質、礦物、物理等。

1-1-2 電子顯微鏡在材料科學上的應用

利用電子顯微鏡的強大功能，在整個科學研究上提供研究者諸多的訊息，了解材料的特性、表面型貌、剖面狀態、晶粒分佈、晶粒大小、薄膜厚度等可分別由圖1-1～1-8表示。化學組成定量分析、元素成份、不純物的含量及均可從電子顯微鏡的分析上得知。材料與電子束交互作用，所產生的訊號特徵與強度，有助於了解入射電子束與試片原子序大小的影響。因此，所獲得的影像與訊號，對試片材料的性質、成份、型態，做正確的判斷與分析。圖1-1為單層Ti鍍膜試片之SEM影像，圖1-2為M4/36多層膜試片之SEM影像，可由圖片中了解晶粒顆粒大小及從剖面圖中了解Ti鍍膜厚度等，眾多的資訊有助於了解薄膜成長狀態及特性。

圖1-1 單層Ti鍍膜試片之SEM影像。

圖1-2 M4/36多層膜試片之SEM影像。

圖1-3與圖1-4則是利用TEM來研究薄膜沉積厚度，可印證出沉積層數，分別可了解相同濺鍍條件之下薄膜沉積速度及厚度與沉積層數。

圖1-5與圖1-6的TEM圖中顯示出碳黑與碳黑披覆鉑觸媒之微觀結構與分佈狀態，與不同碳黑與Clay比例所製備之觸媒載體，由場發射式掃瞄式電子顯微鏡（field-emission scanning electron microscope, FESEM）所拍攝之表面形貌了解不同比例的clay，所造成碳黑分散程度及分散後的碳黑顆粒大小。

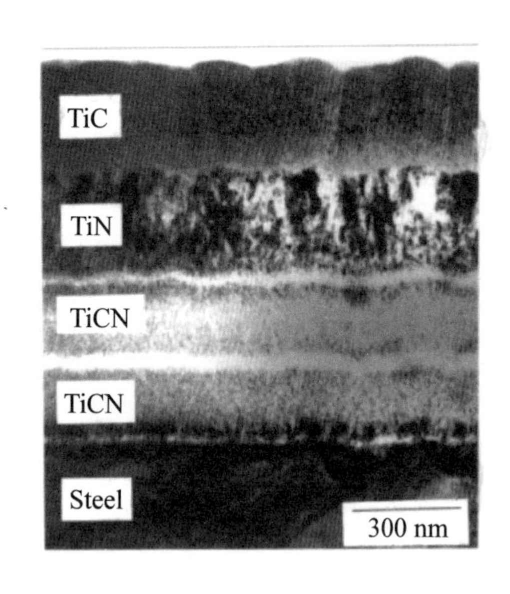

圖1-3　多層鍍膜及基材之剖面照片。

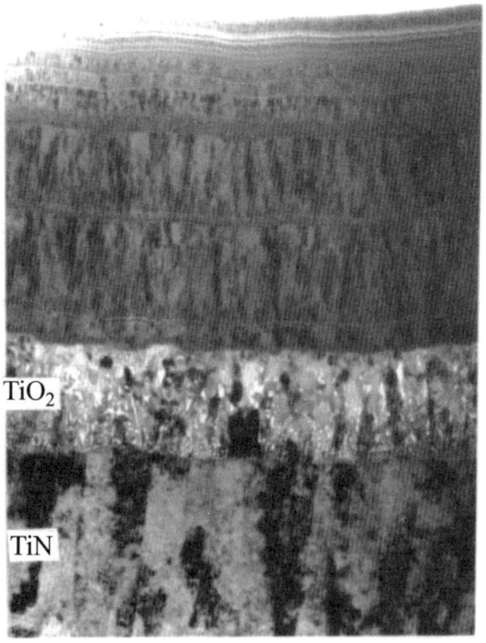

圖1-4　TiN/TiO_2奈米級多層鍍膜剖面。

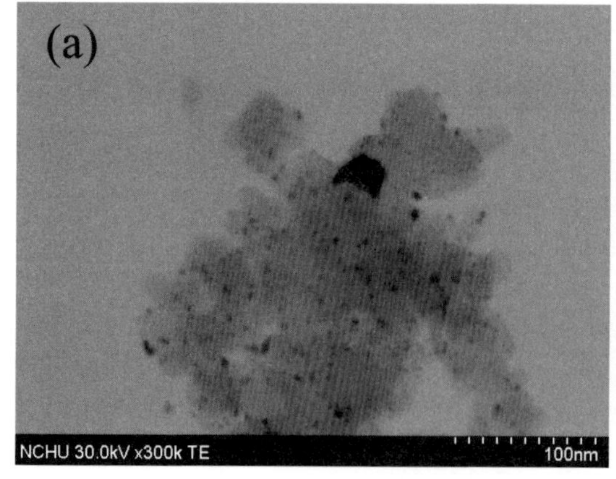

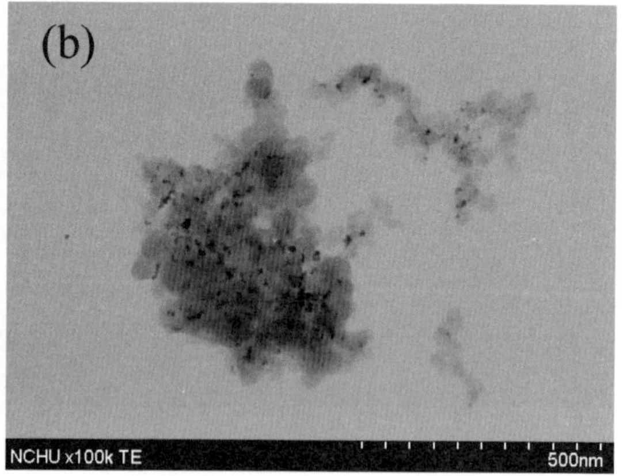

圖1-5　(a)(b)為碳黑披覆鉑觸媒透過穿透式電子顯微鏡所拍攝到的微觀結構。

圖1-6 不同碳黑與Clay比例所製備之觸媒載體，由FE-SEM所拍攝之表面形貌圖。
(a)CB/clay=100/0, (b)CB/clay=85/15, (c)CB/clay=67/33

圖1-7、圖1-8為燃料電池氣體擴散層材料改質後的表面形貌及添

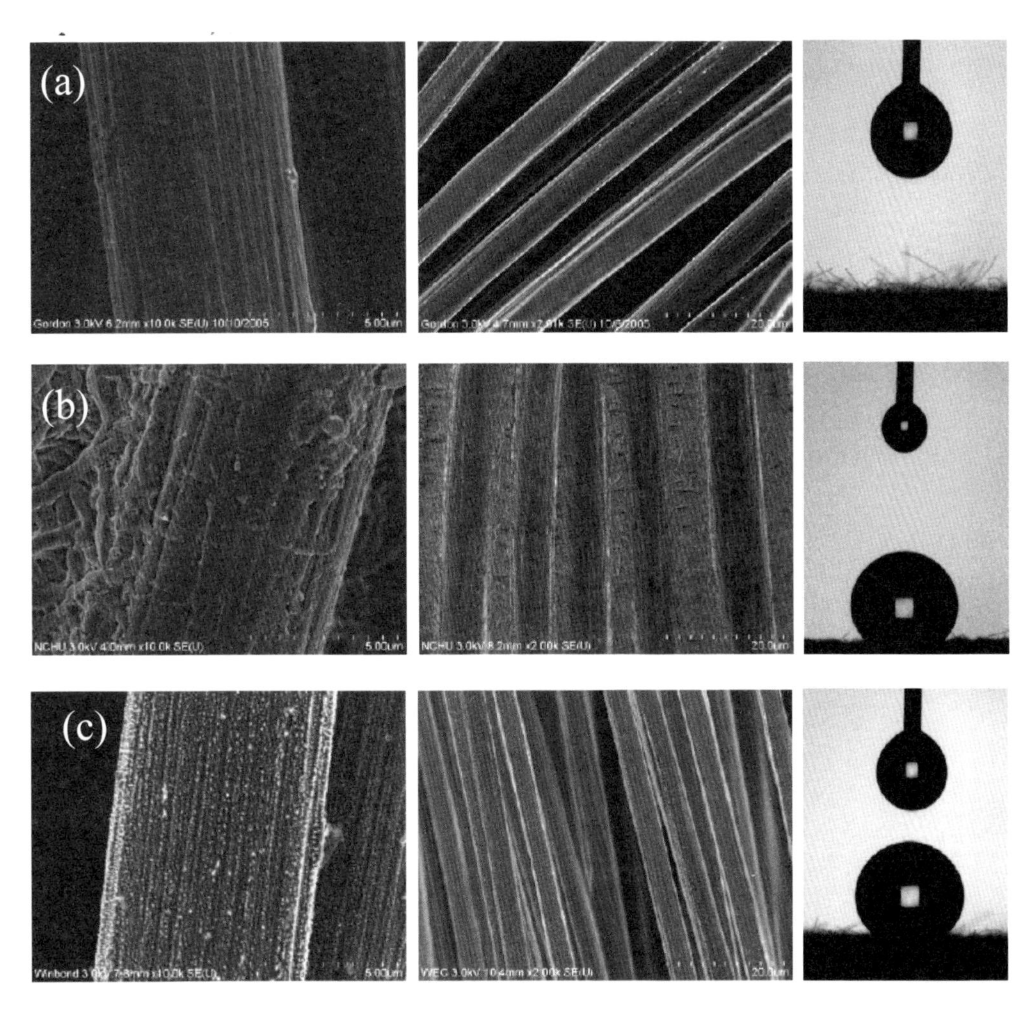

圖1-7 (a), (b), (c)分別為疏水處理，市售及電漿表面改質技術所開發之氣體擴散層於FE-SEM及接觸角量測儀所量測之研究結果圖。

加材料的形貌與分佈狀態，圖1-7改質後的氣體擴散材料造成表面性質的改變，讓其具有疏水性質，而圖1-8為氣體擴散層添加親水性材料γ-Al_2O_3的表面改質，改質前與改質後的表面型態改變所造成的材料性質改變。

圖1-9～圖1-12則為利用物理磁控濺鍍，沉積儲氫材料TiVCr薄膜，分別在不同偏壓0V，80V，150V條件，所沉積的薄膜厚度及晶粒大小、形狀、分佈、結構。從圖型上可基本的判斷出，隨著偏壓的增加晶粒的分佈愈來愈密，晶粒也因沉積速率的不同而增大，而這些訊息均是從電子顯微鏡圖中所得到，進而可分析TiVCr薄膜的物理與化學性質。

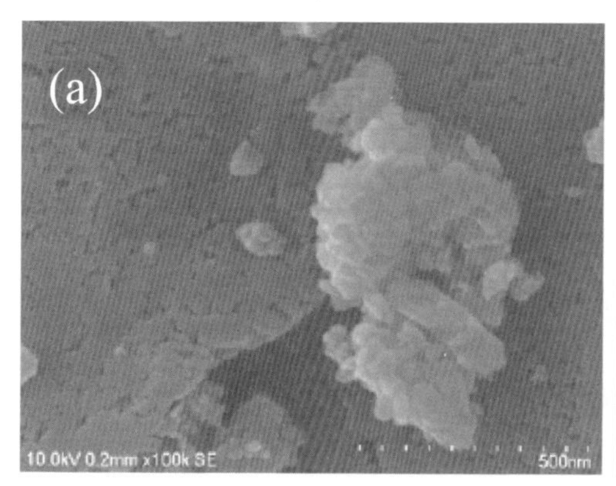

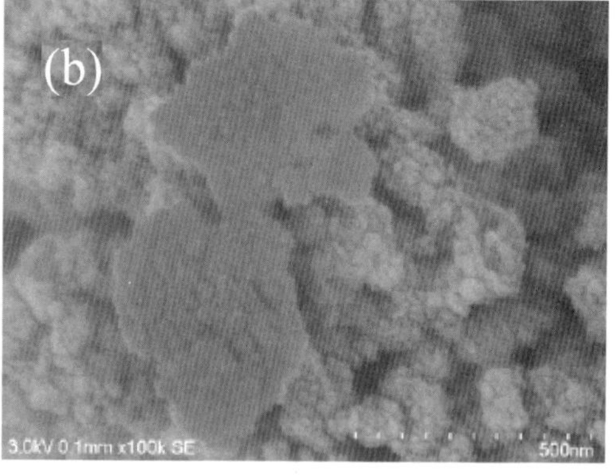

圖1-8　為透過FE-SEM所拍攝之表面形貌圖。
(a)改質前　(b)改質後γ- Al_2O_3

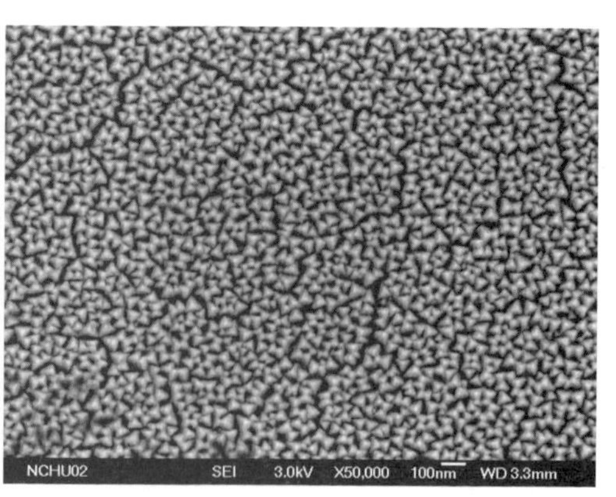

圖1-9　偏壓為0 V時濺鍍TiVCr薄膜的SEM圖。

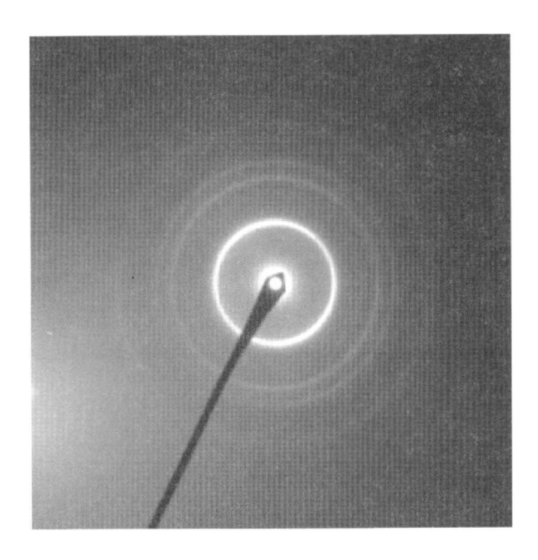

圖1-10　偏壓為0 V時濺鍍TiVCr薄膜的TEM選區繞射圖。

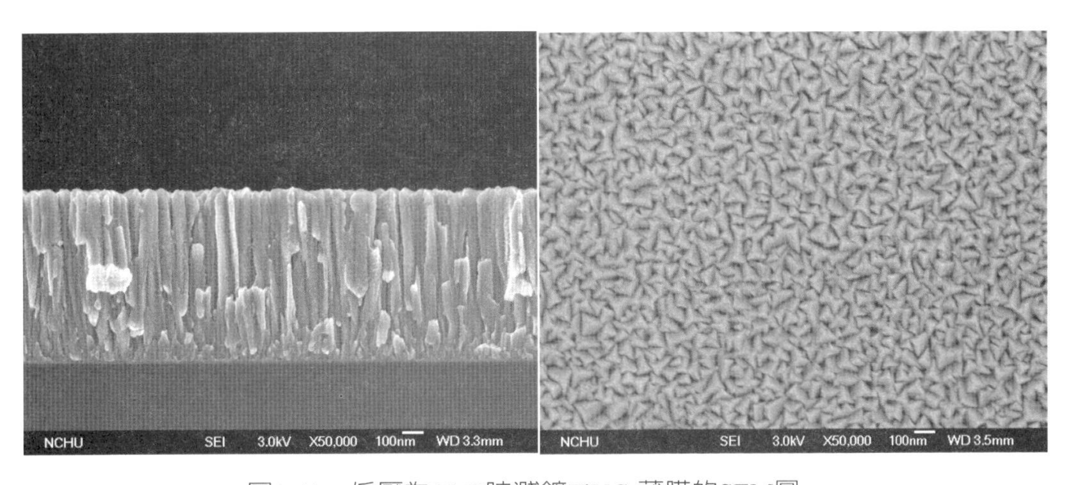

圖1-11　偏壓為80 V時濺鍍TiVCr薄膜的SEM圖。

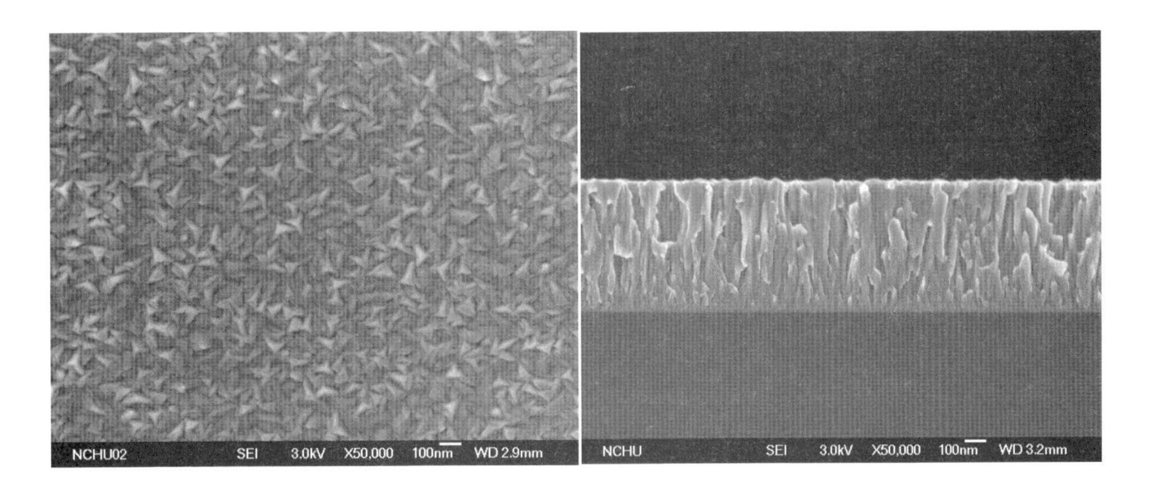

圖1-12　偏壓為150 V時濺鍍TiVCr薄膜的SEM圖。

1-1-3　電子顯微鏡近年發展方向[1-6]

近年來TEM與SEM的功能大大的提升，而TEM主要發展方向為：

(一)提高鑑別率

提升鑑別度，使點與點間之鑒別率為1.8Å、線與線間1.4Å。以其超越廠商對解析力最低要求。美國國家電子顯微鏡中心的1000 keV原子分辨電子顯微鏡（atomic resolution electron microscope，AREM）對點與點間之分辨率高達1.7Å，已可直接觀察晶體中的原子。

(二)提昇高壓電

增強電子穿透試片的能力，即可觀察具代表性試片；更可透過臨場直接觀察輻射損傷試片的程度；降低散色像差（chromatic aberration），提升解析度等。

(三)增設分析儀器

將SEM與TEM兩類電子顯微鏡的優點整合在一起，加裝X光為區分析儀（X-ray probe micro-analyzer, XPMA）、EM（electron microscope）、EELS（electron energy loss spectrometer）、EDS、WDS、電子能量分析儀（electron analyzer，EA）等，亦可稱為分析電子顯微鏡（analytical electron microscope）。

(四)場發射電子光源

需具高亮度及化學穩定性及耦合，發射電子束小至10Å。以利於微區域成份分析等

1-2 電子顯微鏡之結構與工作原理

1-2-1　電子束與物質的交互作用

SEM入射電子束與試片的作用可分為兩類，一是彈性碰撞，另一

是非彈性碰撞，非彈性碰撞之入射電子束會將部分能量傳遞給試片，因而產生背向散射電子、二次電子、歐傑電子、長波電磁放射、X光、電子-電洞對等（如圖1-13所示）。如增設EDS及WDS附件，則可偵測特性X光而分析試片的成份。而可提供給SEM偵測信號運用者有背向散射電子、二次電子、X光、陰極發光、吸收電子、試片電流、歐傑電子及電子束引起電流（electron beam induced current，EBIC）等。

1. **背向散射電子**（Backscattered Electrons，BSE）

入射電子束打到試片表面上時，因庫倫作用力的關係，使得能量有部分損失或無損失之電子，則完全彈性散射回來，即為BSE。藉由收集試片表面的BSE，以了解材料之表面狀態。

2. 二次電子（secondary Electrons，SE）

電子入射將傳導帶中低束縛能的電子打出試片即為SE，其以非彈性碰撞的方式散射，由於其本身所帶能量很弱，故訊號收集不易，我們可在偵測端加一正偏以方便收集SE，藉以分析材料表面狀況及成份。

3. X光

當電子入射試片中，電子受電子雲的影響而減速，會放射出連續X光，而當電子入射游離材料內層電子，會使外層電子發生遞補，並放射出特性X光，由此可分析元素成份。

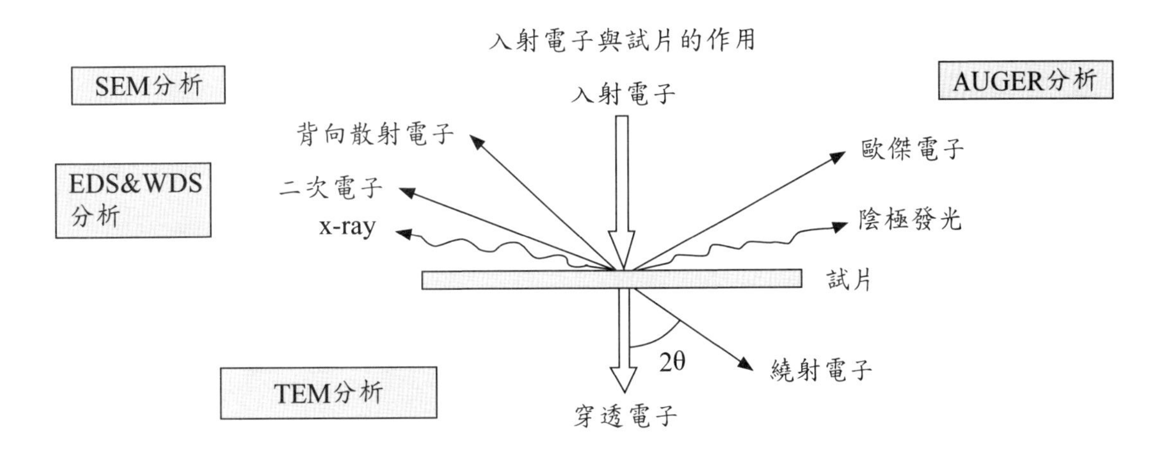

圖1-13 入射電子束與試片作用所產生之訊號。

4. 陰極發光

若材料為半導體或絕緣體時，內部會產生電子-電洞對，在無外力作用下，此電子-電洞對會發生結合，並釋放出能量而產生陰極發光，不同材料發出不同顏色之光。

5. 試片電流（specimen current）

電子束入射到試片上時，一部分產生了背向散射電子及二次電子，另一部分則殘留在試片中，當試片接地時便會產生試片電流，而電子束電流減去背向散射電子及二次電子電流等於試片電流之大小。

6. 歐傑電子

當入射電子游離內層電子之後，外層電子會向內遞補，而放出X光，同時此過程也可能使外層電子游離出來，此游離出來的電子稱為歐傑電子。其能量約為50 eV～2 keV。

7. 電子束產生的電流（EBIC）

P-N接面經入射電子束作用後，試片會產生過量的電子－電洞對，此時載子擴散時會被P-N接面的電場所收集，當一外加電路時便會產生電流。用此方法可以觀測到差排或其他種類的缺陷，因為這些載子在缺陷處會重新結合形成像對比。

1-2-2　SEM入射電子束與試片作用的作用體積

入射電子束與試片作用體積大約數個微米（μm）深，作用深度大於寬度其形狀類似酪梨子（如圖1-14所示）。此形狀描述是彈性與非彈性碰撞所產生的結果。低原子量的材料，非彈性碰撞比較可能發生，入射電子比較容易進入材料內部，少向側邊碰撞，而形成頸部，當穿透電子能量部分損失後變成較低能量時，彈性碰撞容易發生。因此電子行徑路徑方向偏向側邊而形成梨形區域。[3，4]

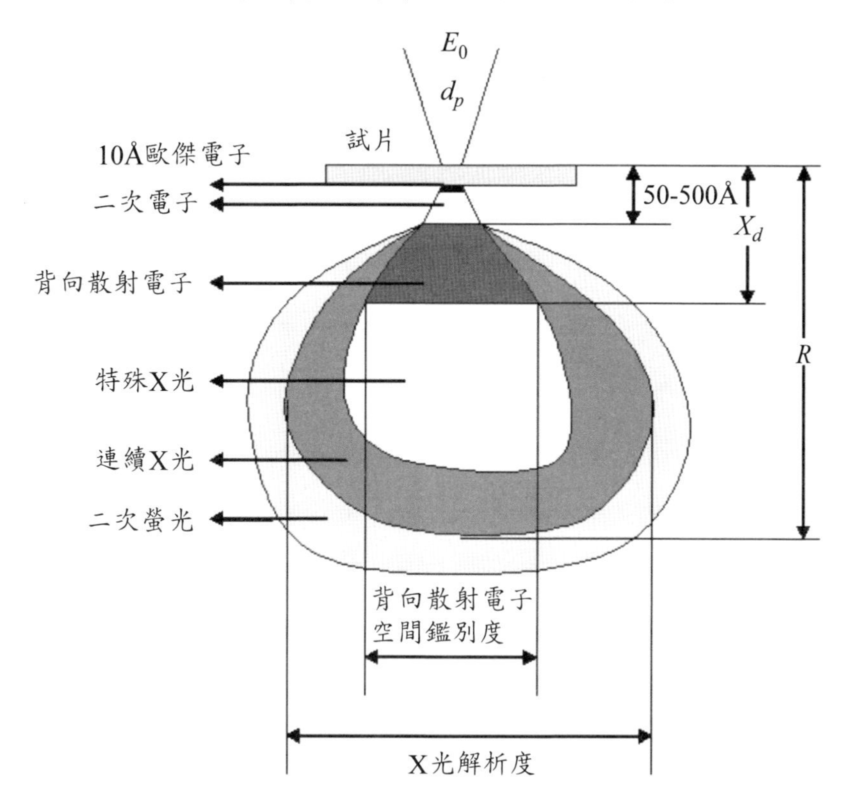

圖1-14 入射電子束與試片作用的作用體積。

影響作用體積之因素：

1. 入射電子束能量

入射電子束能量越大，非彈性碰撞的機率就越高，電子直接進入試片，電子絕大部分直線行走路徑，可以深入試片，與試片的作用體積因而變大。

2. 原子序的影響

當電子能量固定時，入射電子與試片作用體積與試片物質成份原子序成反比，而彈性碰撞之截面積與原子序成正比，使得入射電子較容易偏離原來路徑而無法深入試片。

1-2-3 掃瞄式電子顯微鏡的像建立

SEM主要的功用是用來觀察物體的表面型態與形貌，SEM的試片容易製備，其影像解析度極高，放大倍率可很輕易達到一萬倍以上，它有景深長的特點，可清楚的觀察到物體表面的形態，如斷裂面。

SEM主要構造（如圖1-18所示），其系統由上而下是由電子槍產生電子束，經由約0.2-40kV的電壓來加速電子，經過由三個電磁透鏡所結合的電子光學系統，使用物鏡讓電子束聚焦成更微小電子束入射到試片表面，而掃瞄線圈的功能是用來偏折電子束，讓電子束在試片表面作平面的掃描，此掃描動作與陰極射線管（CRT）上的掃描動作同時進行。電子束與試片作用後，所激發出來的背向反射電子與二次電子透過信號偵測器偵測並收集之後，經由訊號處理後送到顯示器上，顯示器上的明亮對比則是根據所偵測到的電子訊號的強度作調整。試片表面任意一點所產生的訊號強度，一對一的對應到CRT螢幕上之點亮度，可以藉由此成像方式，一一呈現出來試片表面形貌、特徵…等等。成像方式可分為線掃描成像（line scanning）及面掃描成像（area scanning），其成像說明如表1-2所示。

表1-2　掃瞄式電子顯微鏡之成像說明

掃描方式	成像說明
線掃描成像	電子束對準著試片上一條直線做直線掃描，同時對應在陰極射線管（CRT）上顯現一條掃描線，且相互之間是一對一呼應。電子信號的強度則由信號偵測器收集後顯示在螢光幕上，（如圖1-15所示），垂直軸表信號強度，水平軸表試片位置。
面掃描成像	電子束掃描試片中NO區域，相對的CRT也顯示出NO的像，（如圖1-16所示），CRT上點的明亮度顯示信號強度，如信號弱則暗，信號強則亮。而此種影像並非實像，因為實像必須有真實的光路徑（Ray path）直到底片成像，而以SEM像的形成則是由試片空間經過轉移至CRT空間而成像。

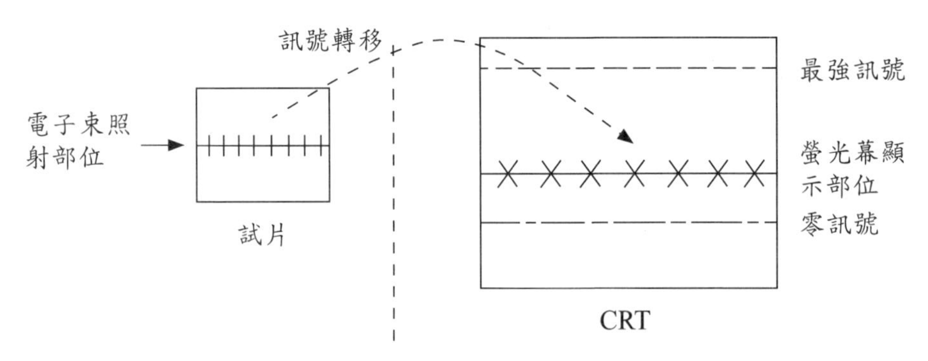

圖1-15　線掃描的訊號轉移對應在螢光幕上的相對位置。

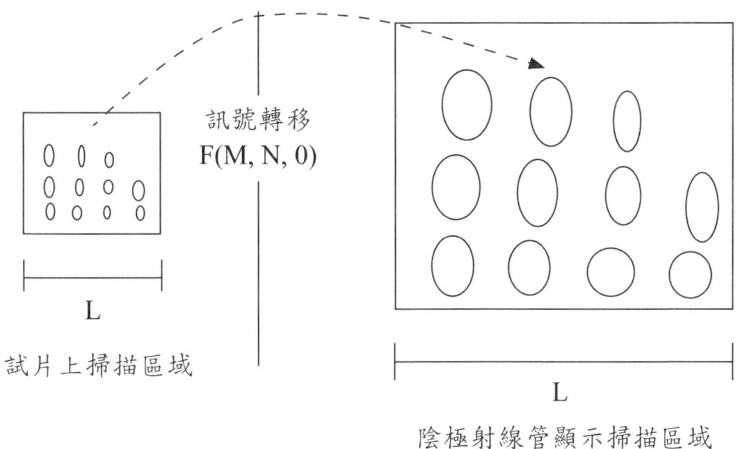

圖1-16 面掃描的訊號轉移原理，試片上的圓與螢光幕上的圓相互對應。

1-2-4 電子顯微鏡的結構[1-6]

掃瞄式電子顯微鏡，其系統設計由上而下，由電子槍（electron gun）發射電子束，經過一組磁透鏡聚焦（condenser lens）聚焦後，用遮蔽光圈（condenser aperture）選擇電子束的尺寸（beam size）後，通過一組控制電子束的掃描線圈，再透過物鏡（objective lens）聚焦，打在試片上，在試片的上側裝有訊號接收器，用以擇取二次電子（secondary electron）或背向散射電子（backscattered electron）成像（如圖1-17）。掃瞄式電子顯微鏡工作原理如圖1-18。

1-2-5 電子槍

電子槍的必要特性是高亮度、電子能量散佈（energy spread）要小，目前常用的種類計有三種，鎢（W）燈絲、六硼化鑭（LaB_6）燈絲、場發射（field emission），不同的燈絲在電子源大小、電流量、電流穩定度及電子源壽命等均有差異。

目前一般常見的電子槍有鎢絲、六硼化鑭（LaB_6）燈絲、場發射三種形式（圖1-19）[3]。電子產生方式及原理可分為熱游離方式電子槍與場發射方式電子槍[3，4]

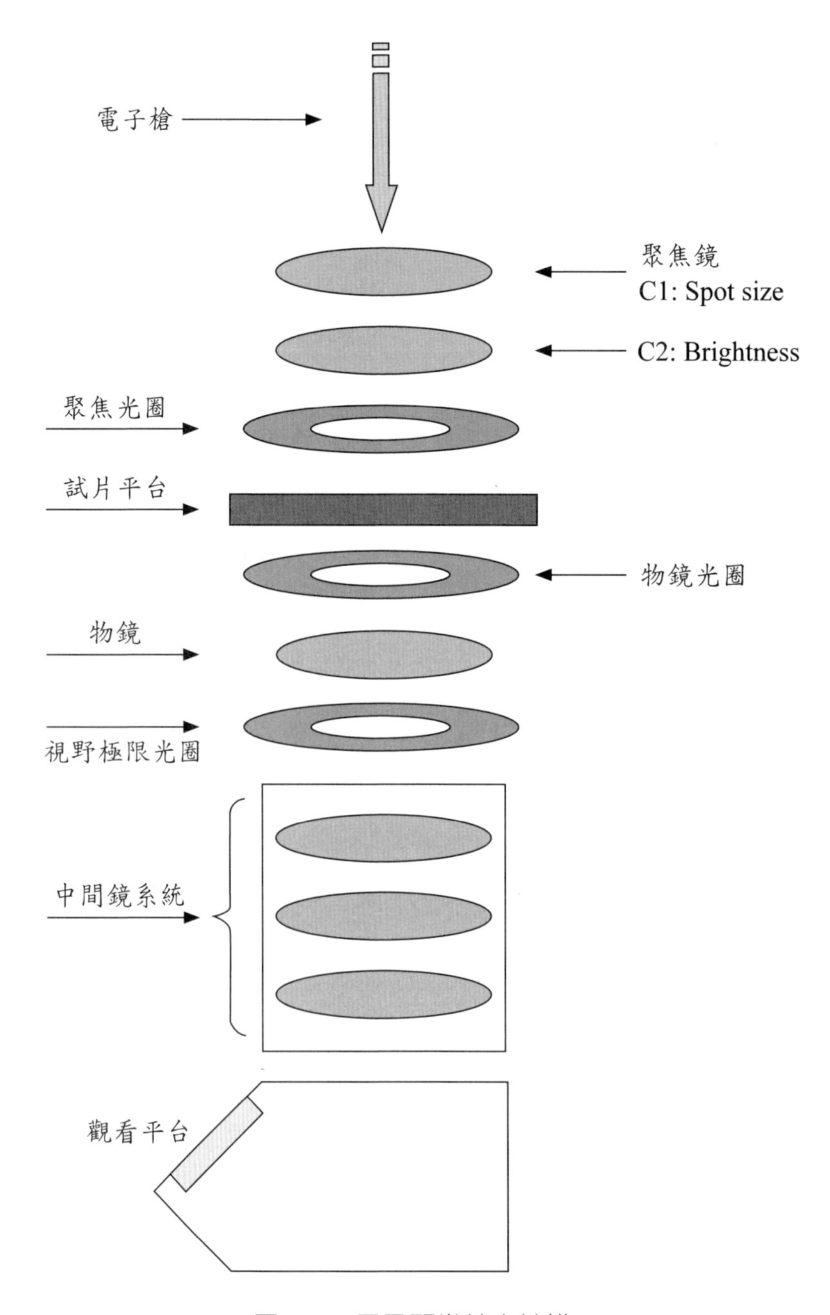

圖1-17　電子顯微鏡之結構。

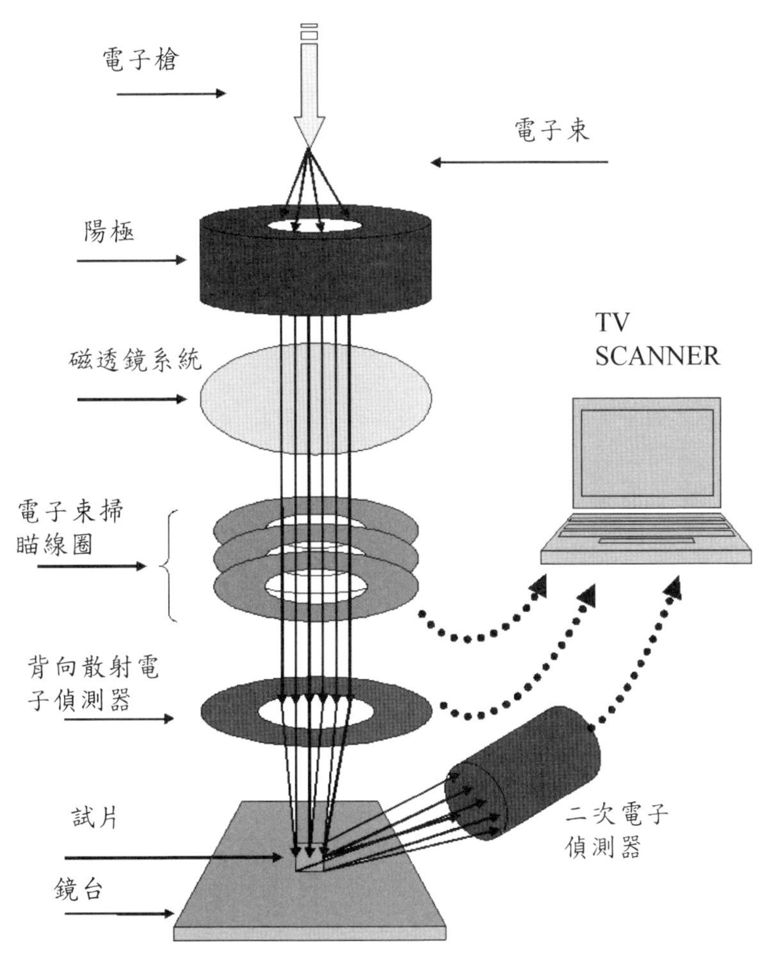

圖1-18 掃描式電子顯微鏡工作原理[7]。

圖19(a) 鎢絲電子槍。

圖19(b) 六硼化鑭電子槍。

圖19(c)場發射電子槍。

(一)熱游離方式電子槍

有鎢（W）燈絲及六硼化鑭（LaB_6）燈絲兩種，裝置如圖1-20所示，它是利用高溫使電子獲得足夠的能量克服電子槍材料的功函數（work function：E_W）能障而脫離。燈絲的操作溫度和功函數對發射電流密度有重大影響，一般操作電子槍時希望能以最低的溫度來操作，以減少材料的揮發，所以在操作溫度不提高的狀況下，就需採用低功函數的材料來提高發射電流密度。其電流密度J與發射溫度T及功函數E_W的關係，可由Richardson 公式來表示：

$$J = AT^2 EXP\left(-\frac{E_W}{KT}\right)$$

其中，J為電流密度（A/cm^2），A為Richardson 常數其與燈絲材料有關，T為發射絕對溫度（K），E_W為燈絲材料功函數（eV），K為波茲曼常數。

(二)場發射電子槍

其選用的陰極材料必需是高強度材料，才能承受高電場所加在陰極尖端的高機械應力，鎢具有高強度而可成為較佳的陰極材料。場發射槍通常以陽極來產生吸取、聚焦及加速電子等功能。利用陽極的特殊外形所產生的靜電場，能對電子產生聚焦效果，所以不再需要威氏罩或柵極。第一陽極（上）主要是改變場發射的吸取電壓（extraction voltage），以控制針尖場發射的電流強度，而第二陽極（下）主要是決定加速電壓，以將電子加速至所需要的能量（如圖1-21所示）。場發射電子槍優點在其電子能量穩定，缺點為須在超真空下操作。

場發射電子槍大致可分成三種：熱場發射式（thermal field emission，TFE），冷場發射式（cold field emission，CFE），及蕭基發射式（schottky emission，SE）[1-4]。

熱游離與場發射式電子槍的比較如表1-3所示。

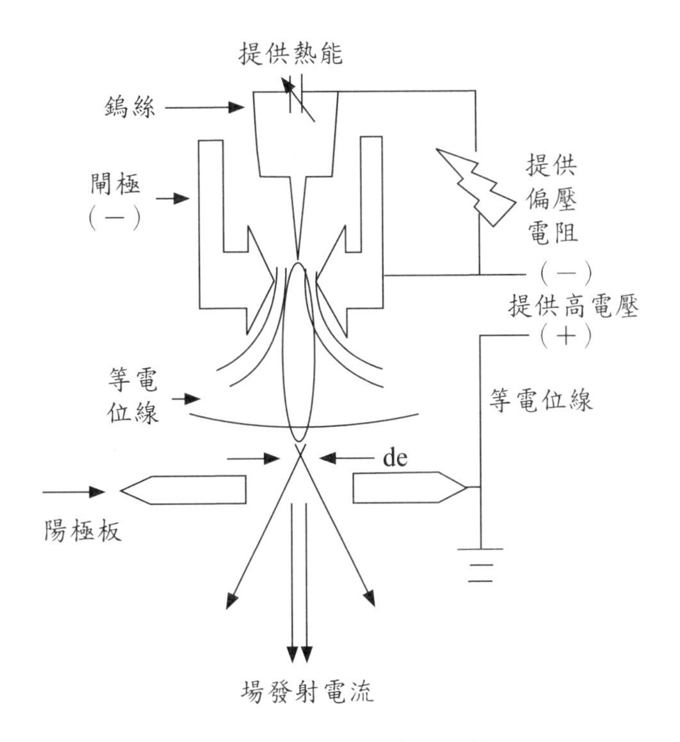

圖1-20　熱游離方式電子槍。

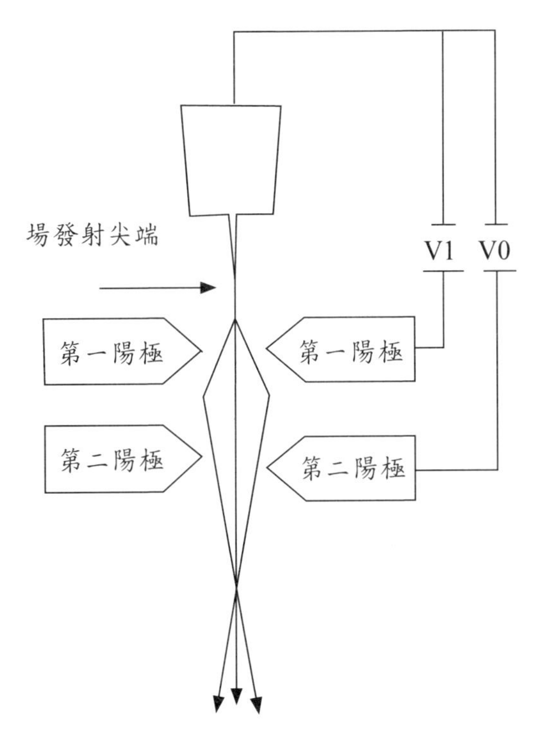

圖1-21　場發射電子槍。

表1-3　熱游離與場發射式電子槍的參數

		Φ(ev)	T(K)	$J\left(\frac{A}{m^2}\right)$	Tip-size (um)	Brightness $\left(\frac{A}{m^2.Sr.kv}\right)$	Vacuum (Pa)	Life (hr)
熱游離	W	4.5	2700	5×10^4	50	10^9	10^{-2}	100
	LaB_6	2.4	1700	10^6	10	5×10^{10}	10^{-4}	500
場發射	W	4.5	300	10^{10}	<0.01	10^{13}	10^{-8}	>1000

1-2-6　像差

在使用電子顯微鏡中必需考慮到像差（aberration）會影響到成像的清晰與解析度，其像差主要包含了：

1. 繞射像差（diffraction aberration）。
2. 球面像差（spherical aberration）。
3. 散光像差（astigmatism）。
4. 散色像差（chromatic aberration）。

其中，散光像差一般用散光像差補償器校正，而電子束的大小可定義為：

$$d_p = \sqrt{(\Delta r_g)^2 + (\Delta r_c)^2 + (\Delta r_d)^2 + (\Delta r_s)^2}$$

$$= \sqrt{\left(\frac{4i}{\pi^2\alpha^2 B}\right) + \left(\frac{\Delta E}{E}C_C\right)^2\alpha^2 + \frac{(0.61\lambda)^2}{\alpha^2} + + (C_S)^2\alpha^6}$$

其中，Δr_g為理論直徑，Δr_c為散色像差所造成的影圈直徑，Δr_d為繞射像差所造成的影圈直徑，Δr_s為球面像差所造成的影圈直徑，i為發射電流，B為亮度，α為收斂角，C_S為球面像差係數，λ為電子波長，ΔE為散佈能量，E為電子束能量，C_C為波長散佈像差係數。

(一)繞射像差（diffraction aberration）

電子束通過透鏡聚焦時，經過光圈或孔徑時產生繞射，使得影像無法聚焦在一點而呈現以像點為中心的同心圓分佈，其亮度依次遞減。其繞射像差Δr_d根據物理光學之Rayleigh準則，為

$$\Delta r_d = \frac{0.61\lambda}{\alpha}$$

其中λ為電子波長，α為透鏡對試片上一點所張角度之半角，（如圖1-22所示）。

(二)球面像差（spherical aberration）

球面像差是物鏡中主要的常見缺陷且不容易校正，產生原因，主要是因為偏離透鏡光軸的電子束偏折較大，容易形成兩個不同距離的聚焦點造成成像模糊，如圖1-23所示中，電子從P點射出，方向與光軸成α角的成像位置與對應之像點P'有一偏離距離：

$$\Delta r_s = MC_S\alpha^3$$

其中C_S為球面像差係數（spherical aberration coefficient），M為放大倍率。以試片平面討論像差時，則球面像差$\Delta r_s = C_S\alpha^3$，C_S約2～3mm。

(三)散光像差（astigmatism）

由於透鏡磁場的不對稱而產生散光像差，主要是電子束在通過二個互相垂直平面所產生的聚焦點分別落在不同點上（如圖1-24所

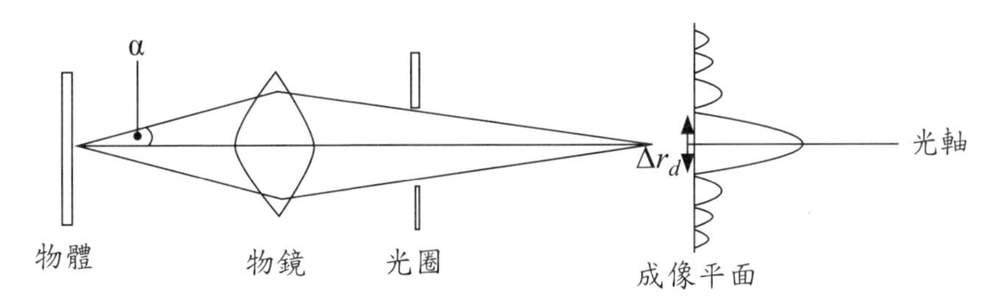

圖1-22 繞射像差。

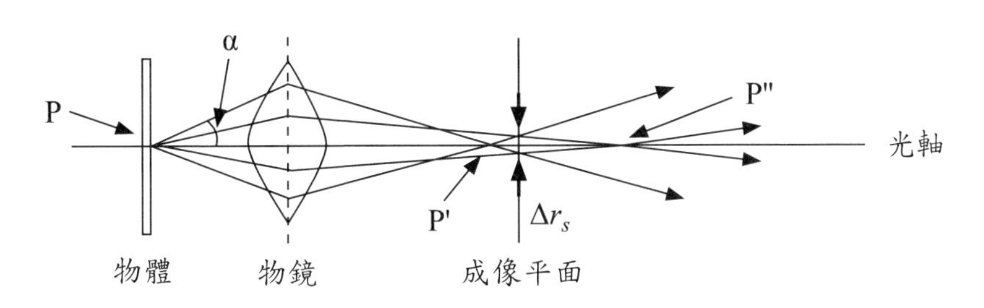

圖1-23 球面像差。

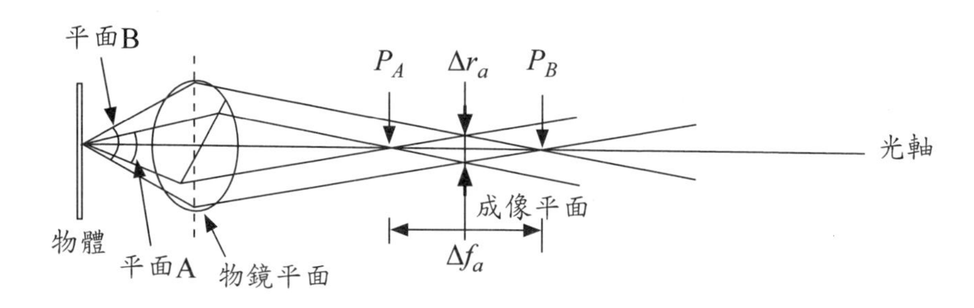

圖1-24　散光像差。

示），通常因電磁透鏡製作時機械加工的誤差所引起，以及真空腔在使用過程中容易被氧化物、碳化物、碳氫化合物等雜質隨機的附著在電磁透鏡的極片上。散光像差$\Delta r_a = \Delta f_a \alpha$，$\Delta f_a$為焦距最大差值。

散光像差的校正一般是使用散光像差補償器，利用其所產生的像差與散光像差的方向相反、大小相同來做校正。就目前的電子顯微鏡結構，物鏡與聚焦鏡均有一組散光像差補償器來修正像差。

(四)散色像差（chromatic aberration）

亦可稱為波長散佈像差，由電子波長的改變，當通過透鏡的電子，能量比較低的容易被偏折，偏折角大，（如圖1-25所示）。散色相差（Δr_c）為：

$$\Delta r_c = C_C \frac{\Delta E}{E} \alpha$$

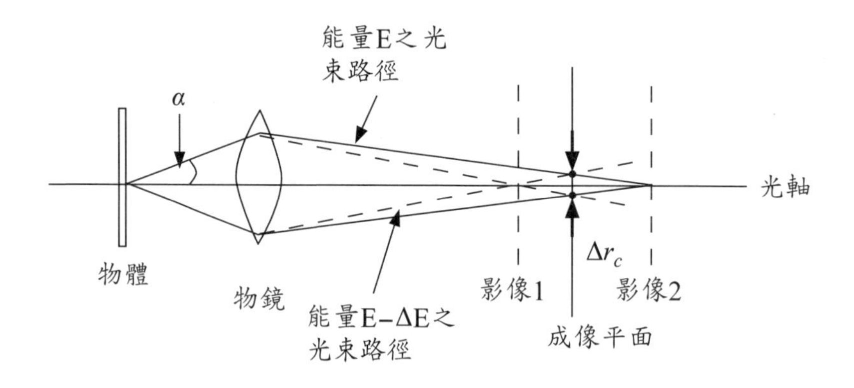

圖1-25　散色像差。

C_C為散色像差係數。造成電子波長改變的原因，包括：

1. 提供給透鏡的電流不穩定。
2. 加速電子的高電壓有不穩定的現象。
3. 高斯分佈的熱游離電子能量。
4. 加速電子與試片碰撞產生了非彈性碰撞而喪失能量。

1-2-7　SEM試片製備[2]

SEM試片的製作是一項很重要的準備過程，它將影響著整個實驗的準確性。SEM試片若具良導電性或為金屬材質，則試片表面不需做導電處理，既可直接觀察，如試片為非導體，試片表面需鍍上一層導電膜，例如：碳膜或金屬膜，又通常以Au、Au-Pd、Pt較常被使用，一般鍍層厚度約50～200Å，膜層應無任何明顯特徵，以免干擾試片表面。

SEM試片製作程序：依序大試片切割成適當小試片、清潔、小試片或不規則試片須嵌埋穩固後以利後續研磨，在一些觀察金相（晶粒、晶界的形狀與大小）、試片橫截面、膜厚、成份定量分析（WDS、EDS）等試片，則在試片的表面上需求平整，所以嵌埋與研磨是不可馬虎的，拋光與浸蝕視材料而定，鍍金、或鍍碳視材料材質及導電性而定。

SEM試片製作原則：首重顯現試片分析的位置，在鑲埋及除污過程中避免有鬆動的粉末與碎屑（以避免污染腔體），非導體表面鍍膜需具良好導電性及能排除電荷以便影像觀察或成份分析，試片或黏著劑須耐高溫不可含有液態或膠狀物質以避免揮發，且不能有融化蒸發現象產生。

1-2-8　SEM個產業用途

材料工程師運用SEM探索材料失效的原因，例如金屬是否會因疲勞、鏽蝕抗拉應力而斷裂。機械工程師用SEM分析濾油器中的殘留顆粒，據以找出耗損的引擎零件；醫療研究人員用SEM觀察細胞，辨認骨骼退化的狀況或組織是否受到細菌的侵襲；而鑑識專家也能用SEM查明在不同地點發現的毛髮、衣物纖維或彈殼是否可能為同一來源。

SEM提供了高解析度影像，微區化學組成分析、多功能、使用方便、試片製作簡單等優點，所以在產業界、學術界、科技界最為普遍使用之檢測工具。

1-3 可攜式掃描電子顯微鏡操作順序說明

日立桌上型顯微鏡TM-1000型

簡易操作使用說明

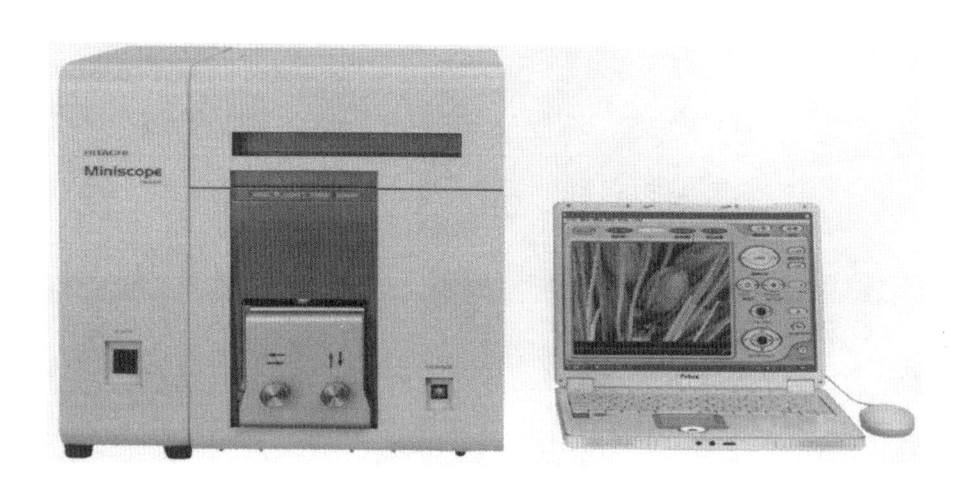

請仔細閱讀並小心保存在安全的地方。

- 在您使用此儀器之前，請仔細閱讀安全說明和預防措施。
- 請將此使用手冊，放置於儀器附近以備不時之需。

TM-1000簡易操作說明

《操作流程》

①開機

②準備樣品

③樣品放置於樣品座上

※④觀察

⑤儲存

⑥結束觀察

⑦關機

※若想暫停觀察，請查閱「Help」或操作手冊。

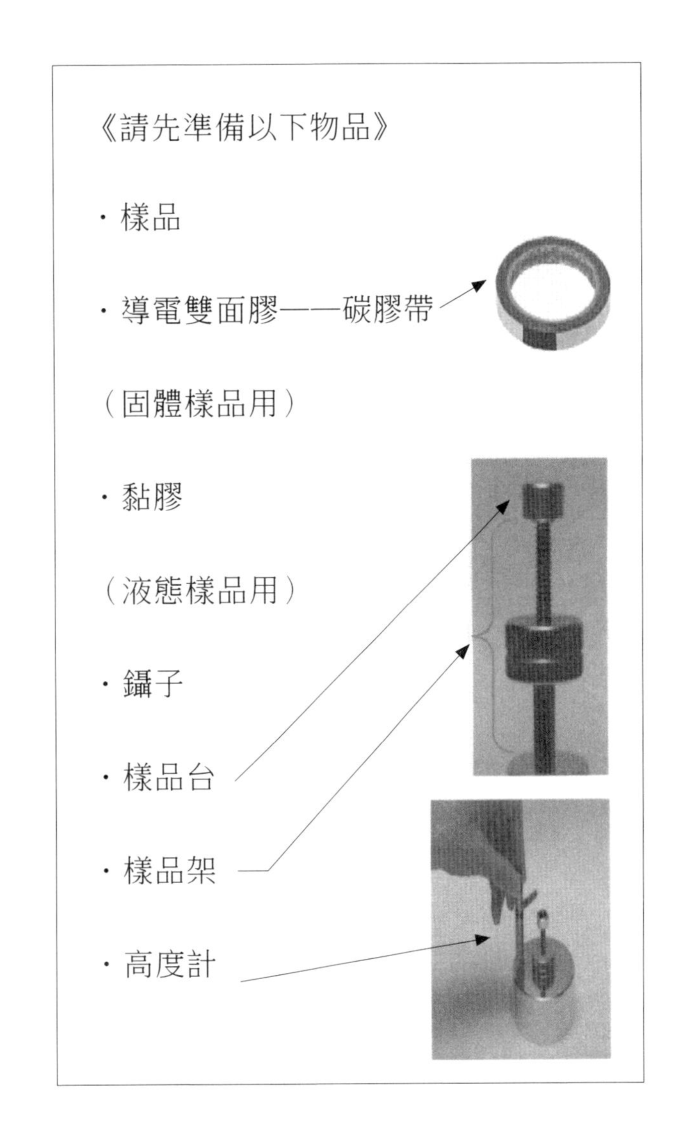

①開機

(1)按下電源開關，「POWER」在「1」位置。

(2)按下「EXCHANGE」鈕開始抽真空，此時按鈕呈綠色。
若EXCHANGE鈕綠燈沒亮，請按下，則會開始抽真空。
抽真空後約3分鐘「READY」綠燈亮起。

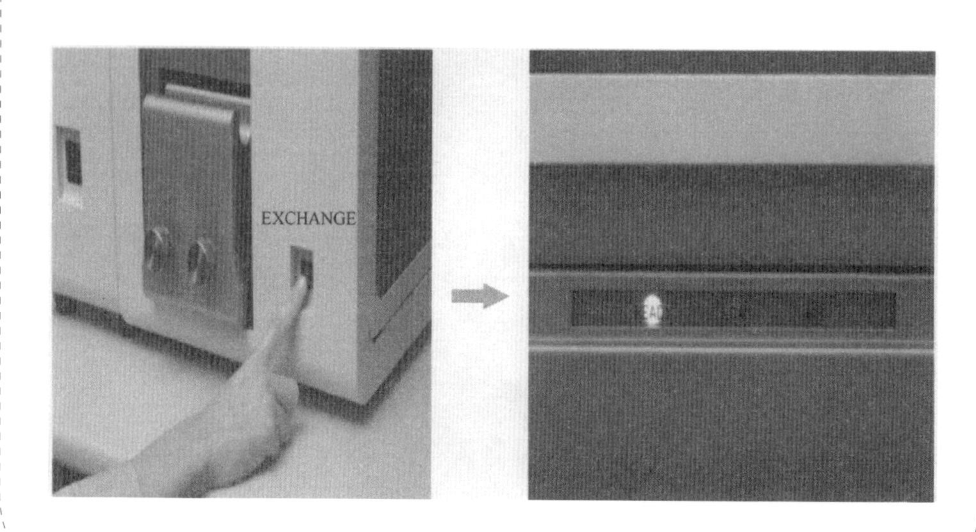

②樣品準備

固體樣品（可導電／不導電）

(3)用碳膠帶將樣品固定在樣品台上

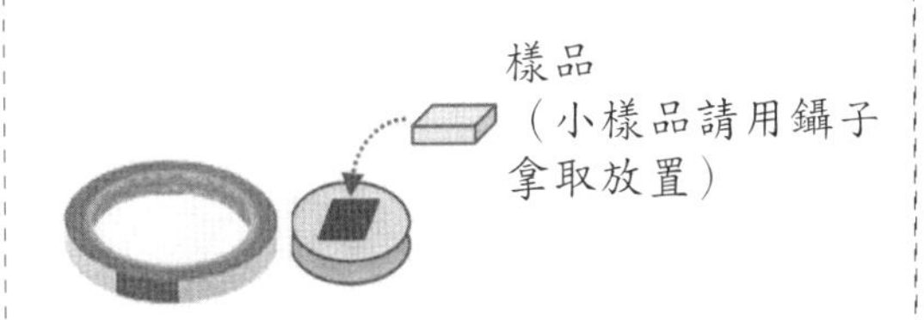

含水／油樣品

(3)生物、植物、食品被等等含水量高的樣品請用黏膠固定於樣品的樣品台上

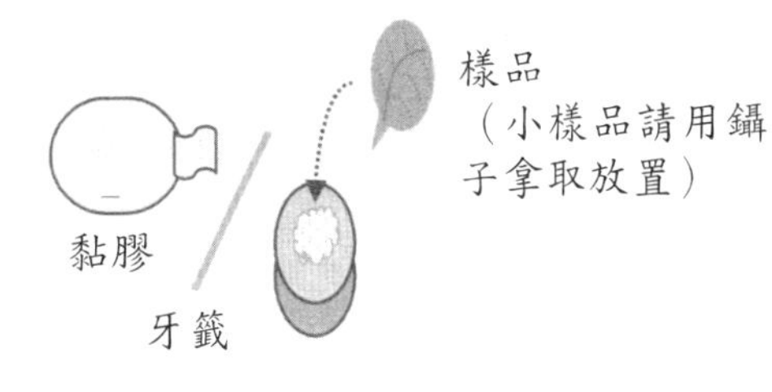

(4)將樣品台鎖在樣品架，放置於高度計上，調整高度使樣品台頂端與高度計橫棒的距離相差約1mm

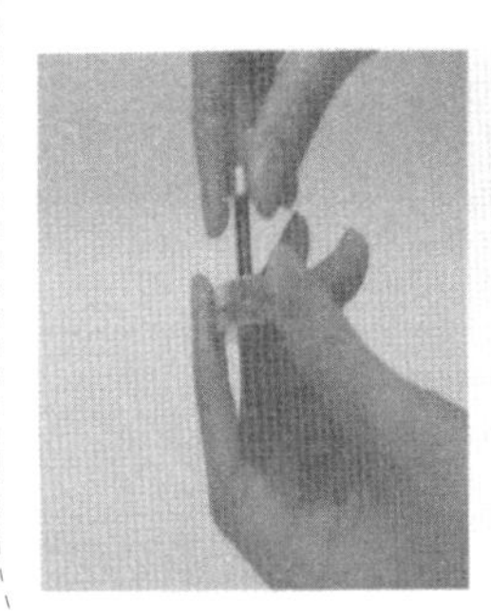

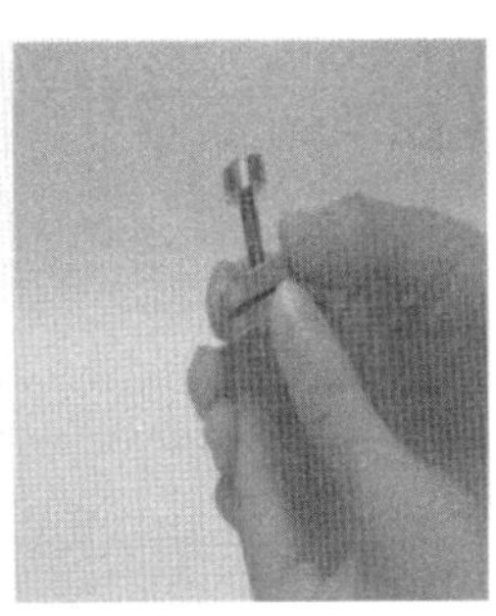

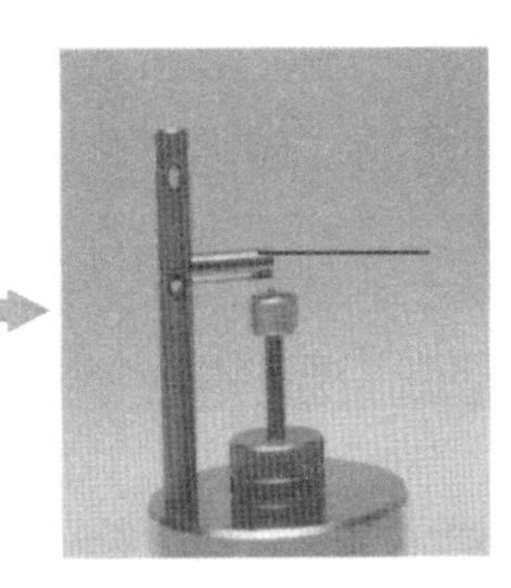

③樣品放置於樣品座上

(5)按下「EXCHANGE」破真空，經過約3分鐘後「AIR」紅燈亮起。

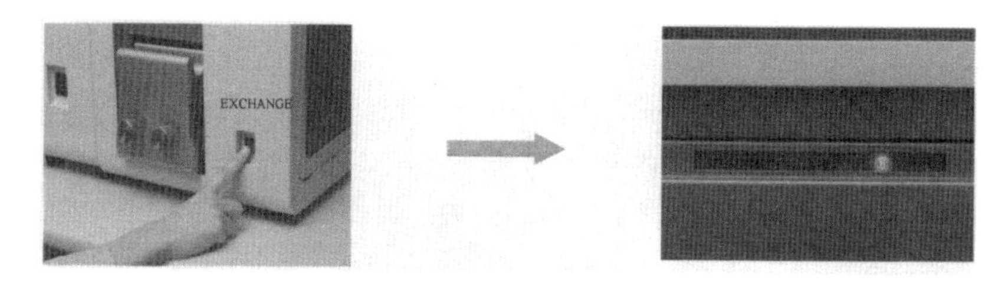

(6)緩慢拉出樣品座，將樣品架放入基座上。

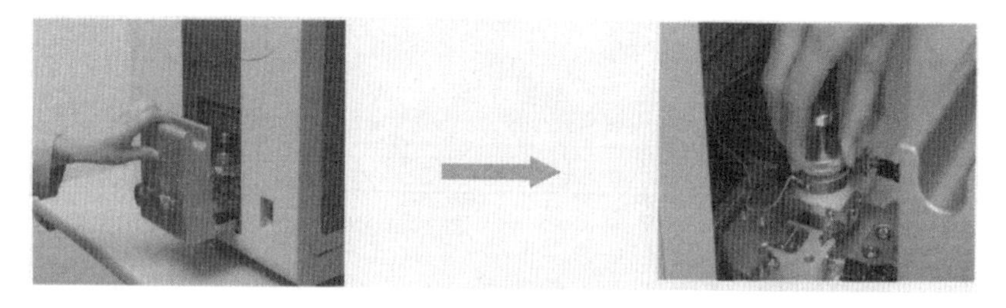

(7)轉動X、Y旋鈕，將指針尖端對準「+」中心（樣品架推入的時候請勿再調整）

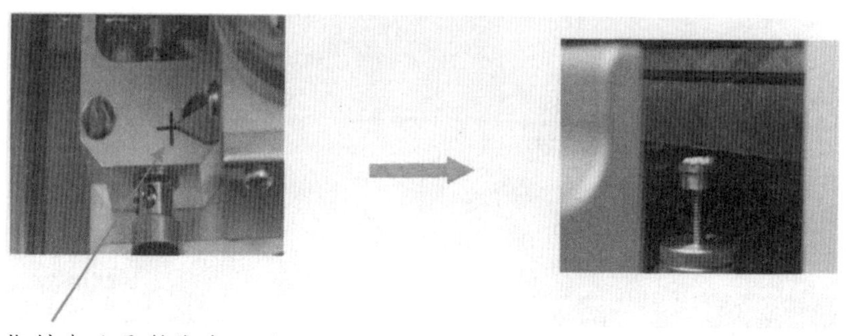

指針尖端需對準中心點

(8)樣品座推到底時，繼續頂住，當按下「EXCHANGE」鈕後約5秒鐘，手再放開經過3分鐘，「READY」綠燈亮起。

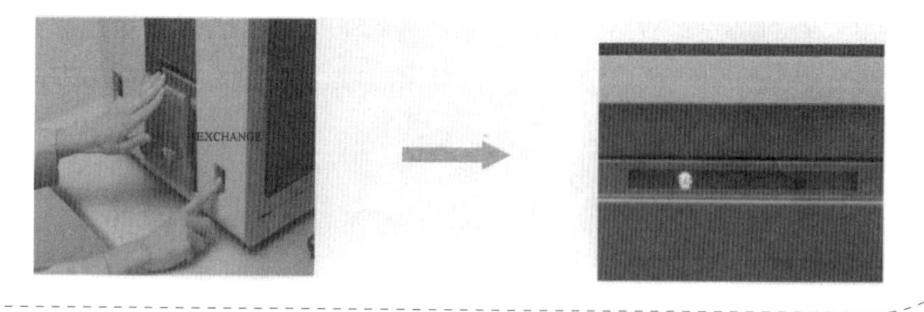

④觀察

(9)打開操作軟體，點選左上角的「Start」隨即啟動電子光束，儀器會自動對焦及調整對比，影像將呈現在螢幕上。

點選這裡

(10)轉動X旋鈕或Y旋鈕來調整觀察區域。在快速掃描模式和較低的倍率之下，可以加快搜尋的速度。

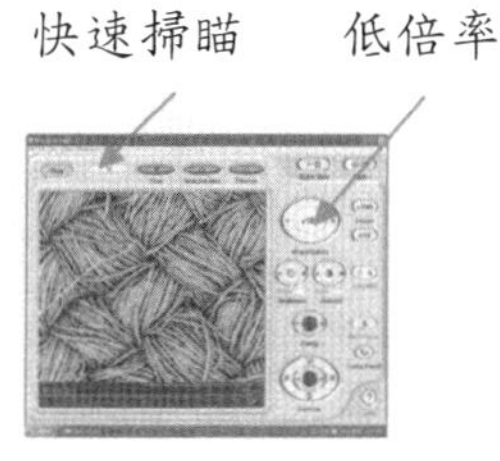

(11)功能鍵說明

（以自動模式觀察）

①調整放大倍率

②調整明亮和對比

③對焦

④影像確認，清楚呈像

（慢速掃瞄）

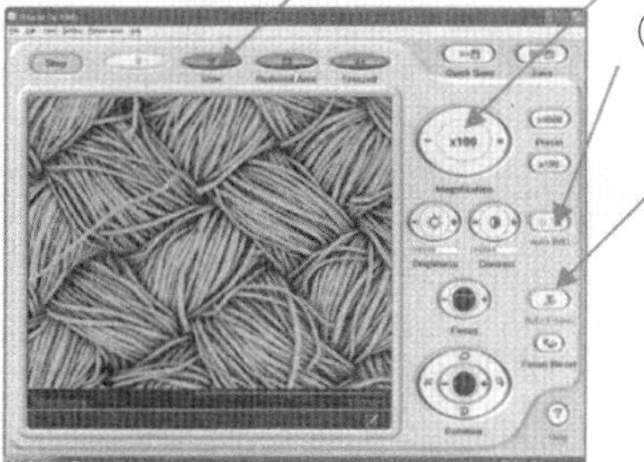

（手動對焦）

當自動對焦無法獲得良好影像時，則建議改用手動對焦建議將視窗縮小方便調整對焦。

有以下2種方式對焦：

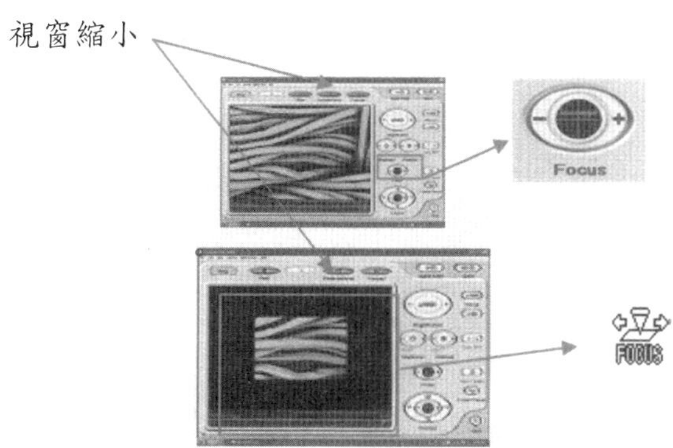

(a)點選「Focus」鈕

連續點選該鈕「+」或「-」任一個對焦。

(b)拖曳滑鼠方式對焦

按下滑鼠左鍵，拖曳小視窗內的滑鼠游標向左或右方移動，可以調整焦距。

⑤儲存

(12)點選Save儲存影像，過程大約需要40秒。
（畫面解析度：1280×960畫素）

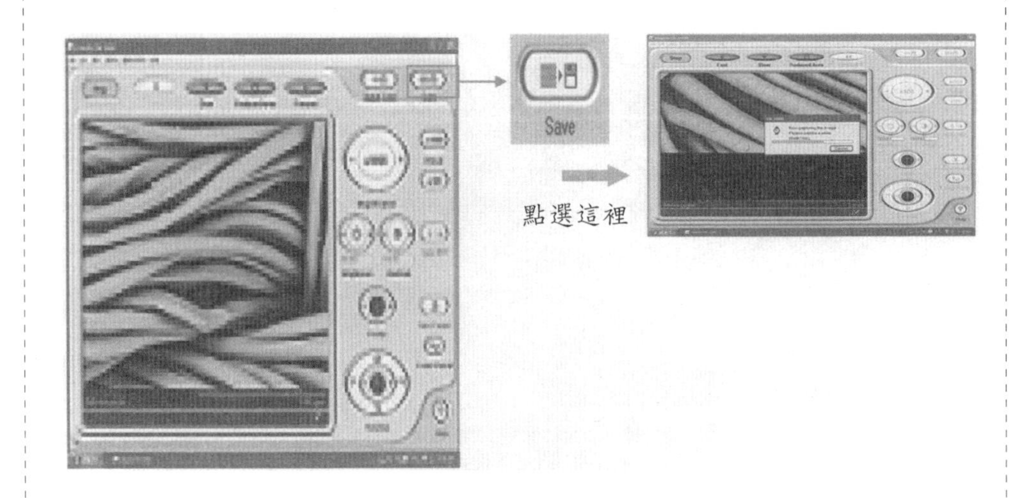

(13)當掃瞄完成，請在儲存對話視窗內輸入檔名直接存檔。

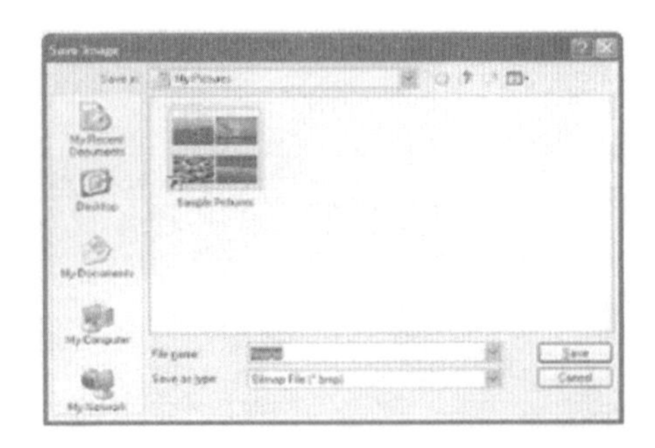

※「Quick Save」直接儲存觀察中的畫面（畫面解析度：640×480畫素）

⑥結束觀察

(14)點選操作畫面左上角的「Stop」電子光束將自動關閉。

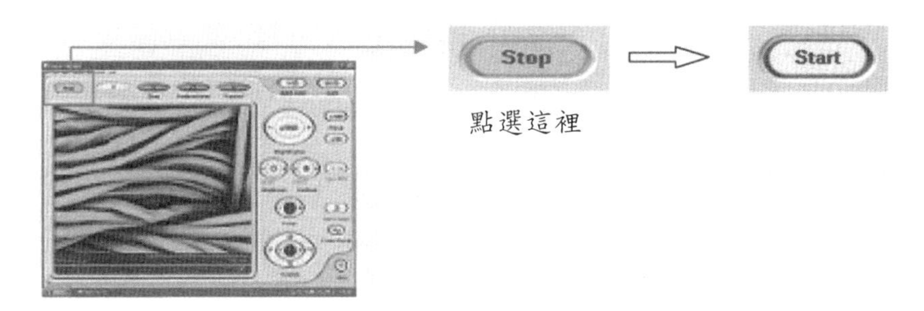

(15)按下「EXCHANGE」破真空，約3分鐘之後「AIR」燈號將亮紅燈。

(16)緩慢拉出樣品座，並拿出樣品架。

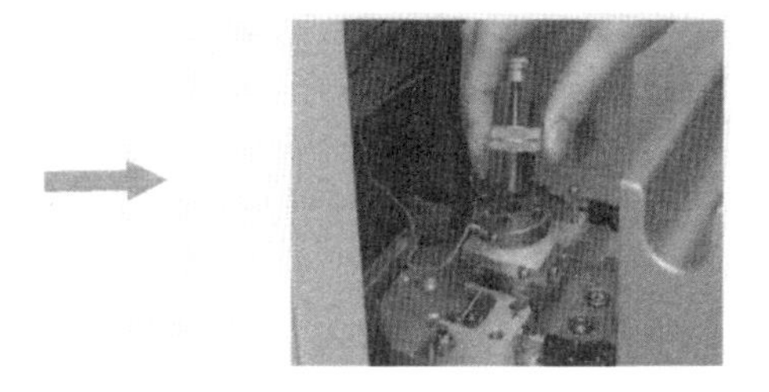

(17)樣品座推到底時，繼續壓住，並按下「EXCHANGE」開始抽真空。約3分鐘後「READY」綠燈亮起即告完成。

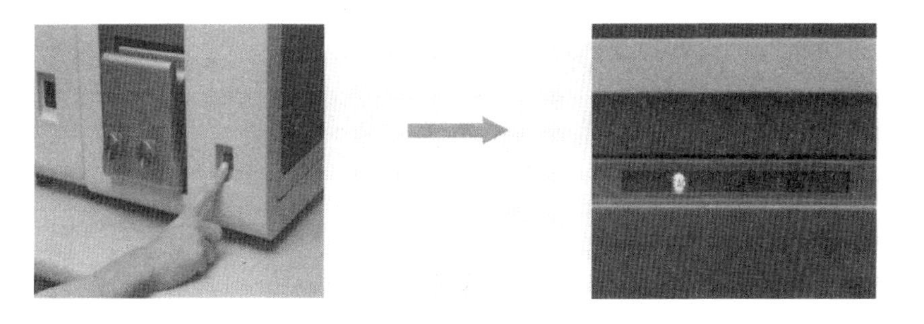

⑦關機

(18)點選操作軟體右上角的「×」；接著出現的對話窗點選「OK」，關閉軟體，關閉儀器電源。

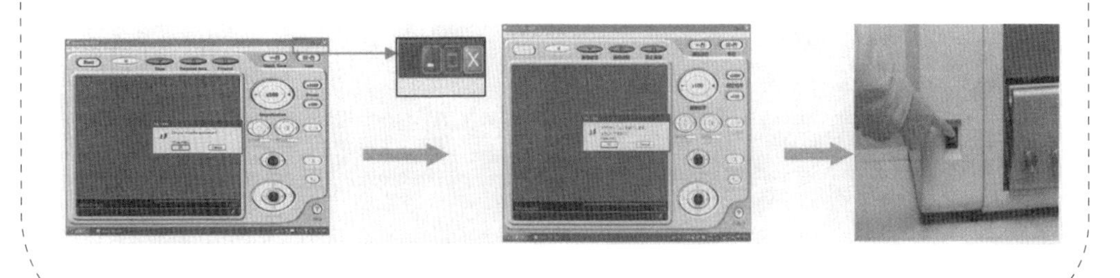

第二章　實驗部分

實驗一：燃料電池質子交換膜膜厚測量與表面分析[8-10]

2-1 質子交換膜燃料電池簡介

質子交換膜燃料電池（Proton Exchange Membrane Fuel Cells），又稱為固態高分子膜型燃料電池（Solid Polymer Exchange Fuel Cell），以陽離子固態高分子電解質代替液態電解液，其基本功能在於隔絕兩側電極，使陰陽兩極不接觸、阻擋電子的流通，使電子必須經由外部迴路流通及傳遞質子。電極中以貴金屬的白金（platinum，Pt）作為觸媒，並以純氫氣跟純氧氣作為反應物。反應進行時，陽極通入氫氣，陰極通入氧氣，氫氣在陽極電極表面反應產生電子及質子，質子通過高分子固態電解質從陽極側移動到陰極側，電子則經由外部迴路抵達陰極，氧氣吸附至陰極電極表面接受電子，並與由陽極傳送來的氫離子反應生成水，如圖2-1及圖2-2所示。其電化學反應式如下：

陽極半反應式：$2H_2 \rightarrow 4H^+ + 4e^-$

陰極半反應式：$O_2 + 4H^+ + 4e^- \rightarrow 2H_2O$

電池全反應式：$2H_2 + O_2 \rightarrow 2H_2O$

陽極鉑觸媒催化反應式：$H_2 + 2Pt \rightarrow 2Pt\text{-}H$；$2Pt\text{-}H \rightarrow 2Pt + 2H^+ + 2e^-$

陰極鉑觸媒催化反應式：$O_2 + 2Pt \rightarrow 2Pt\text{-}O$；$2Pt\text{-}O + 4H^+ + 4e^- \rightarrow 2Pt + 2H_2O$

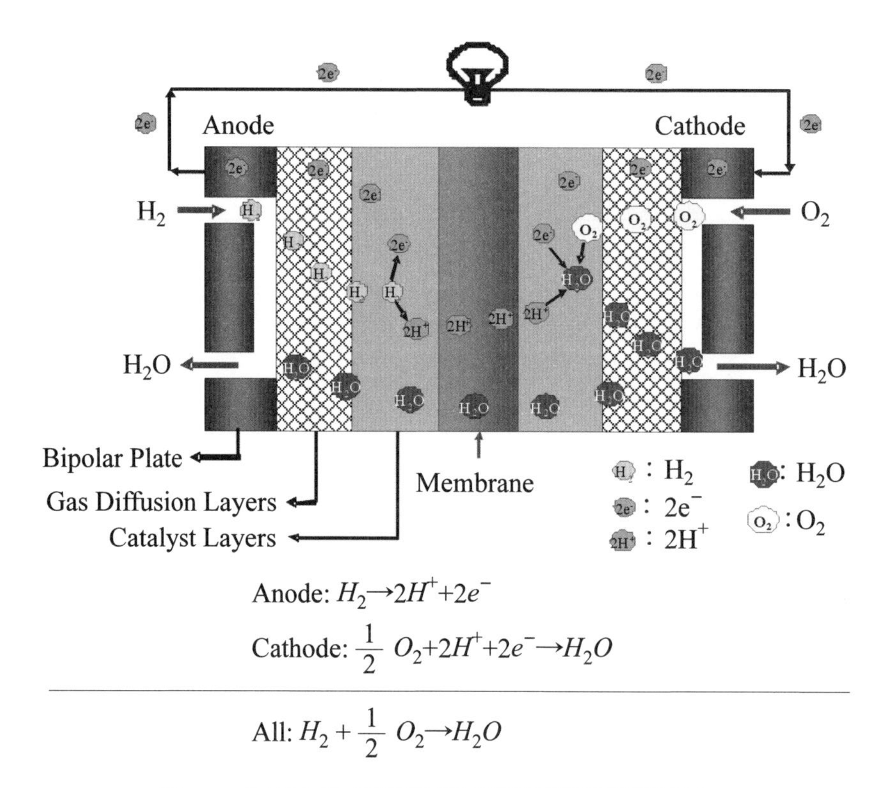

圖2-1　以氫氣為燃料之質子交換膜反應示意圖。

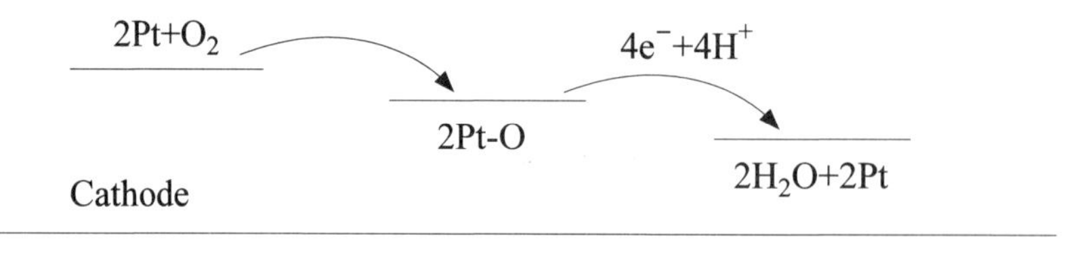

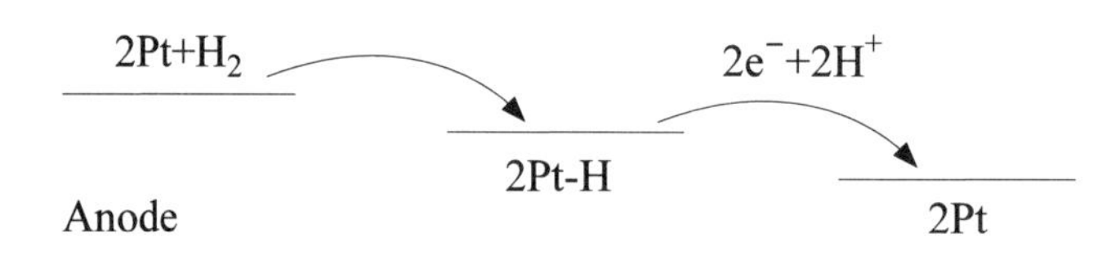

圖2-2　陰陽兩極Pt觸媒表面的催化反應。

鑒於國內外各單位對於燃料電池近幾年來的努力，目前已成功的解決許多技術上及本質上的問題，然而距離商品化的目標仍面臨許多的挑戰，其中以陽極電極CO毒化、陰陽極水管理及增加白金利用率等問題為目前研究的主要議題。當以烴類或醇類重組氣為燃料時，富氫的氣體中仍含有一定比例的CO。由於CO極易吸附於鉑奈米顆粒上，生成強烈的吸附鍵（Pt-CO）佔據Pt的活性位置（Active site），降低氫氣的催化能力，再加上在氫電極工作電壓下又不易使CO氧化，所以燃料中一旦含有CO，往往會佔據整個Pt的活性位置，使Pt/C觸媒中毒失去催化氫氣的能力。因此，如何增強觸媒在低操作溫度（100℃）耐毒化的能力為目前各界研究的主要議題之一。

由於質子交換膜傳遞質子的能力，與膜內的含水量有密切的相關，因此質子交換膜燃料電池內部的水管理極為重要，若質子交換膜水含量過低，易造成質子交換膜因脫水（dewatering）而產生破裂；若含水量太高，易造成氾濫（flooding）阻塞流道使反應氣體無法順利進入觸媒層產生反應，此兩種情形皆會造成質子交換膜燃料電池發電效率的降低及不穩定，因此如何維持質子交換膜於適當的水含量實為一重要的課題。此外，由於白金的成本極高，因此如何提高白金的有效利用率及降低白金的用量亦極為重要。

2-1-1　燃料電池的優點與發展

燃料電池具有以下的優點：

1. 低污染

以富氫燃料作為電池之燃料，在系統反應過程中二氧化碳的排放量相較於熱機過程，對環境的衝擊較緩和，可以有效的減緩地球的溫室效應現象。更沒有核能廢料的問題及傳統式火力發電廠空氣污染問題。若以純氫為燃料時，其產物只有純水。

2. 低噪音

燃料電池依據電化學原理運作，是電池本體在發電，並不需其他機具來配合，因此它在工作時是安靜，可以安靜地將燃料轉換為電能，所以沒有噪音問題。

3. 高轉換效率

燃料電池依據電化學反應原理，可在恒溫或室溫的狀態下直接將化學能轉換為電能，理論上整體的熱電轉換效率可達85%～90%以上。但實際上電池在運作時的各種極化的影響，使得目前燃料電池的實際轉換效能約為40-60%，若能夠建構熱電合併則燃料的使用效率約80%。相較於其他發電技術，除了核能發電外，它的平均單位質量燃料所產生的電能是最高的。

4. 使用燃料多樣化

只要具有氫原子的物質都可以經由重組器作為進料的來源，例如天然氣、石油、沼氣及醇類等，非常符合能源多元化的概念，可以舒緩主流能源之耗竭。

5. 可重複使用

傳統電池是將能量儲存於電池本體中，一旦反應物耗盡就必須捨棄。燃料電池是由燃料本身的化學能提供能源，並不包含在電池結構中，因此只要燃料不斷的供給，燃料電池即可不斷地發電。

燃料電池目前屬於新興研發產業，具市場潛力，所帶來的經濟效益及環境效益是不可忽視的巨大商機及改變，其應用遠景包括取代傳統式火力發電廠電力來源、汽機車動力來源、可攜式電力來源及家用電力來源。其中熔融碳酸鹽燃料電池及固態氧化物燃料電池，均具有高效率熱電轉換且適用於高溫操作，因此適用於發電廠之電力來源、太空船燃料推進器與家用電力來源。

在油電混合車或電動車及可攜式電力的能量來源，質子交換膜燃料電池與直接甲醇燃料電池是最佳的選擇，因為此兩類燃料電可於常溫下迅速啟動，具有高能量密度及系統簡單化的優點。加拿大的Ballard Power System公司於1993年首先推出低污染排放氣體的質子交換膜燃料電池公車，進行測試。於1995年進一步推出第二代的零污染排放氣體公車進行公路測試，該車的動力為（200kW），與一般柴油引擎公車的動力相較效率卻是更高。近幾年歐、美、日各車輛大廠皆陸續推出商業化的燃料電池車，以搶攻燃料電池車這塊新興的市場。可攜式能源方面，日本對於燃料電池的投資最為積極，Toshiba、NEC、Hitachi等相關電子大廠均已推出筆記型電腦用的直接甲醇燃料電池原型，相信於不久後即可商業化。

2-2 質子交換膜燃料電池結構簡介

質子交換膜燃料電池的整體構造，可分為雙極板（Bipolar plates）及

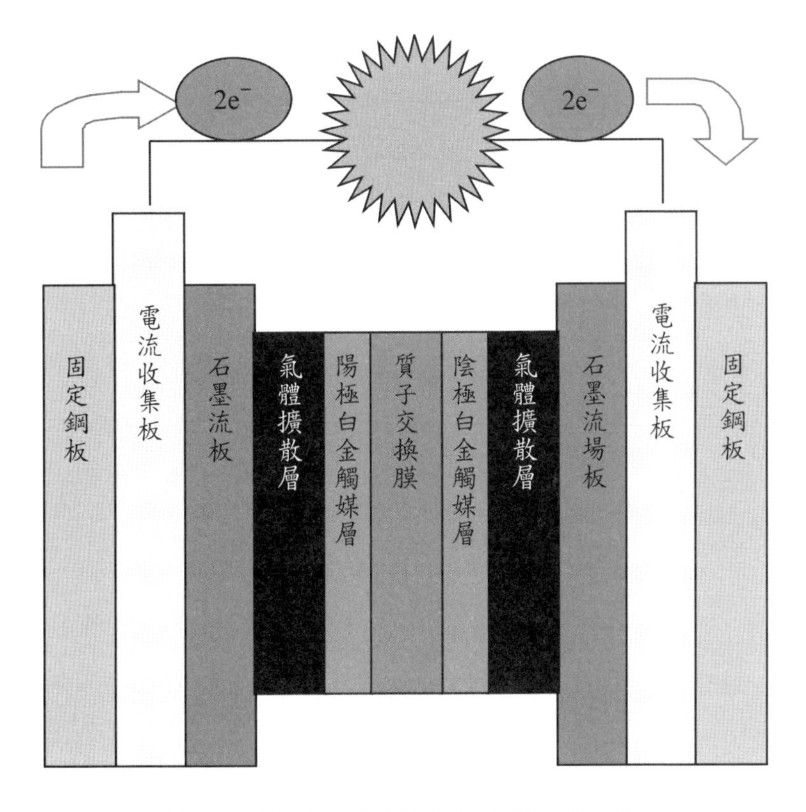

圖2-4　質子交換膜燃料電池構造示意圖。

膜電極組（membrane-electrode assembly，MEA）兩個主要的元件。其中膜電極組MEA為質子交換膜燃料電池核心的關鍵元件，其功能可比擬成電池的心臟，由三個部份組成，分別為(a)氣體擴散層（gas diffusion layer，GDL）(b)觸媒層（catalyst layer，CL）(c)質子交換膜（proton exchange membrane，PEM）。圖2-4為質子交換膜燃料電池基本構造示意圖。

2-2-1　雙極板（Bipolar plate）

質子交換膜燃料電池的雙極板分別緊附著陽極與陰極的氣體擴散層（一般以碳布或碳紙為主），雙極板需具備進氣導流與電流收集的功能，所以可稱為流場板（flow field plates）或集電器（current collectors），目前常見的雙極版流道類型大致可分成兩大類型，一為蛇型流道，另一為網狀型流道。而雙極板的材料常被使用的有無孔石墨板、塑膠碳板、表面改質過的金屬板以及其他導電複合型雙極板。

作為雙極板的材料必須考慮以下幾項因素：

a. 雙極板需無法與氧化劑及還原劑的作用，且有效的阻隔外界氣體，所以不能採用多孔透氣材料。

b. 雙極板的重量必須夠輕，以便提高電池堆疊能量與功率。

c. 雙極板的強度必須夠強，在組裝時才不至於碎裂。

d. 雙極板必須能夠收集電流，因此其材質是電的良導體。

e. 雙極板在酸性或鹼性電解質的環境下可長期操作，所以抗腐蝕能力必定要強。

f. 雙極板必須均勻輸送反應氣體，所以在極板上加工流場通道以便均勻輸送。

2-2-2　膜電極組（Membrane electrode assembly）

將陽極、質子交換膜及陰極結合而成的三明治結構稱為膜電極組（membrane electrode assembly），亦稱為「三層膜電極組」，而在膜電極的兩側分別以氣體擴散層熱壓後就形成「五層膜電極組」，當五層膜電極兩側再加上氣密墊圈則形成「七層膜電極組」，如圖2-5所示。

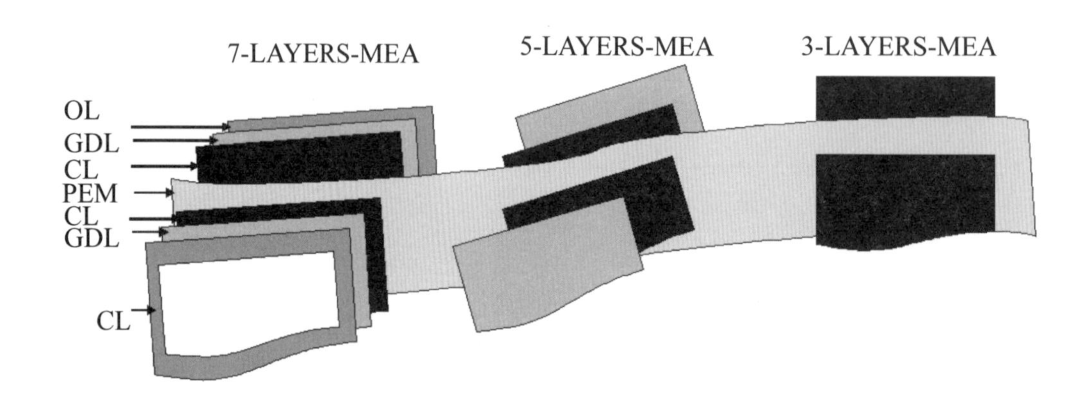

圖2-5　不同層數膜電極示意圖。

膜電極組是質子交換膜燃料電池核心的關鍵元件，其重要性可以比擬為電池的心臟，氫氣燃料通過氣體擴散層後均勻的分散到達觸媒層，經過陽極觸媒催化反應後釋放出質子與電子，質子經過質子交換膜到達陰極與氧氣燃料進行還原反應，其反應產物為水，而陰陽兩極反應過程中所釋放出的電子則經由外部迴路提供給其它負載使用。膜電極各部份彼此間介面關係的優劣將影響反應過程中釋放出的質子與電子的傳輸出來。

在膜電極組中最佳的傳輸介面為氣態、液態及固態三相區所接觸的位置，反應發生的位置為一三相共存點，三相點越多則具有越佳的電池效能。

下列則針對膜電極的三大部分分別討論：

氣體擴散層（Gas diffusion layer，GDL）

氣體擴散層顧名思義是將來自流道的反應燃料以擴散的方式均勻分散開來，須具備良好的電子傳導性，以及能夠快速地排出電化學反應時持續產生的液態水等功能，此外還需能夠承受長時間熱與壓力的作用下，不會影響尺寸穩定性的要求。

氣體擴散性質方面，擴散層的材料由碳纖維編織而成，其具有氣體通透性，氣體所通過的孔洞大小是一個值得注意的部份，由於過大的孔洞會導致氣體分佈不均勻，而孔洞過小又會造成氣體通過孔洞之阻力過大此兩項均會造成觸媒的利用率的降低，因此氣體擴散層的孔洞性質包括孔洞類型、孔洞尺寸、孔洞數目及孔隙比率等[8，9]，都是重要的影響因素。

氣體擴散層的主要功能除了提供電子、氣體及排水通道外，支撐觸媒層及收集電流亦為其重要的工作。

觸媒層（Catalyst layer，CL）

氫分子與奈米金屬粉末間的交互作用屬於異相催化反應，此種類型的反應過程牽涉到氣－固相表面科學。以常用的白金（Pt）為例，當一個氫分子與白金觸媒進行先吸附後催化反應作用後，會先解離成兩個氫原子，這兩個氫原子再經由白金觸媒催化成質子與電子，質子經由質子交換膜由陽極向陰極移動，電子則經由鄰近的白金傳導到碳載體上，再將電子引出外電路使用。

質子交換膜燃料電池使用的貴金屬觸媒多以白金（platinum，Pt）為主要活性催化成份，兼以添加釕（ruthenium，Ru）、鎢（tungsten，W）、鎳（nickel，Ni）等其他金屬。雙合金或多元合金觸媒的製備主要原因：避免白金在反應過程中被一氧化碳佔據活性端，降低催化活性，降低白金使用量，因為白金的價格非常昂貴，產量稀少，白金容易聚集，因此需要高表面積載體，對於白金的分散及使用量的降低皆具有相當大的助益，目前的載體主要以碳黑、碳管等碳載體為主。

燃料電池的電化學反應均發生在白金觸媒的表面，白金觸媒粒徑尺寸奈米化便顯得格外重要，尺寸奈米化將使得單位重量觸媒的表面積大幅增加，也使得電催化效能上升進而提升電池的轉換效率。然而當白金觸媒粒徑奈米化的同時，其顆粒的表面效應亦同時產生，由於顆粒與顆粒間的凡德瓦力吸引嚴重的造成團聚現象，過度的團聚使得白金觸媒顆粒變大反應表面積降低相對的降低觸媒的催化效能，因此使用適當的觸媒載體，讓觸媒粒子附著在上面，進而阻止觸媒顆粒聚集的現象，是非常重要的課題。觸媒載體的主要功能在於支撐觸媒，並提供良好的燃料，電子的傳輸通道，因此載體的高導電度為一必備且重要的條件，同時觸媒載體亦需是優良耐酸、耐鹼、抗腐蝕材質，固高抗腐蝕性也是重要的需求。

質子交換膜（Proton exchange membrane，PEM）

固態高分子電解質質子交換膜主要的功能有三：(1)隔離H_2與O_2，避免兩者在電池內接觸，(2)傳導質子，(3)阻止電子經由內部迴路到陰極。而其他種類燃料電池的電解質大多數為液體，如磷酸（Phosphoric acid）、氫氧化鉀（KOH）等，它們同樣具有良好的傳導離子能力，但因為是液體，體積大攜帶不方便，所以適用於大型固定式發電用，而質子交換膜為固態的高分子電解質薄膜，具有體積小，質量輕及安全性高等優點，則適用於攜帶式電子產品及運輸動力等，質子交換膜應用在燃料電池，需具有以下特點：

1. 對陽極燃料（氫或甲醇）及陰極氧氣具有阻隔的效果。
2. 能夠傳導質子並阻止電子通過避免內部形成通電迴路。
3. 具耐溫特性（80℃～150℃），以避免高溫操作造成交換膜性質改變。
4. 具高機械強度並可忍受長時間高速氣體流量的衝擊。

質子交換膜位於燃料電池整體的中間位置，因此質子交換膜的厚度影響著質子的傳導率，膜的厚度越薄質子行走的路徑就越短，電池發電的效能也就越高，但另一思考膜的厚度越薄，受到燃料壓力衝擊產生破洞裂縫的機率及液體燃料滲透到交換膜另一端的機率也隨之提高。而增加膜厚，是可以提高抗氣體壓力衝擊能力，並降低液態燃料滲透到另一端的機率，但相對的膜厚的增加是會使得離子的傳導路徑增長，造成電池發電效能的下降，因此適中的質子交換膜厚度是極為重要的。

質子交換膜是利用水分子做為媒介傳導質子，否則質子將無法被傳遞，因此質子交換膜的化學結構中必須含有親水性的官能基，使得交換膜內部可含有適當的水分且在平衡狀態下保有高濃度的質子，提高離子傳導能力。但當親水官能基含量太多，容易使水分散佈整個質子交換膜，降低了膜的機械強度且容易使得膜在高含量水的狀態下形成流體，喪失了固態質子交換膜的固性，綜觀之質子交換膜除了親水官能基的存在外亦同時需有疏水性官能基的存在。疏水官能基特性在於不與水互溶，其功能做為支撐交換膜機械性質的骨架。因此適量的親水官能基與疏水官能基比例對於質子交換膜的性能極為重要。

目前使用於燃料電池的質子交換膜幾乎都是以傳導質子的酸性高分子電解質為主，其中以杜邦（DuPont）公司所製造的磺酸化聚氟碳化合物膜（Nafion membrane）最被廣泛使用，其分子主鏈式以疏水性的氟碳化合物為主，具有高機械性質且不溶於水，在主鏈上鍵結一些磺酸根（$-SO_3H$）做為親水性官能基。圖2-6為杜邦公司製造的Nafion質子交換膜的化學結構。圖2-7為質子交換膜親水官能基傳遞水氫離子示意圖。

目前市面還是以杜邦的nafion膜為主流，美國Dow Chemical的Dow膜及日本Asahi Chemical的Aciplex-S膜、Asahi Glass的Flemion膜。類似的產品已經陸續被開發出來。

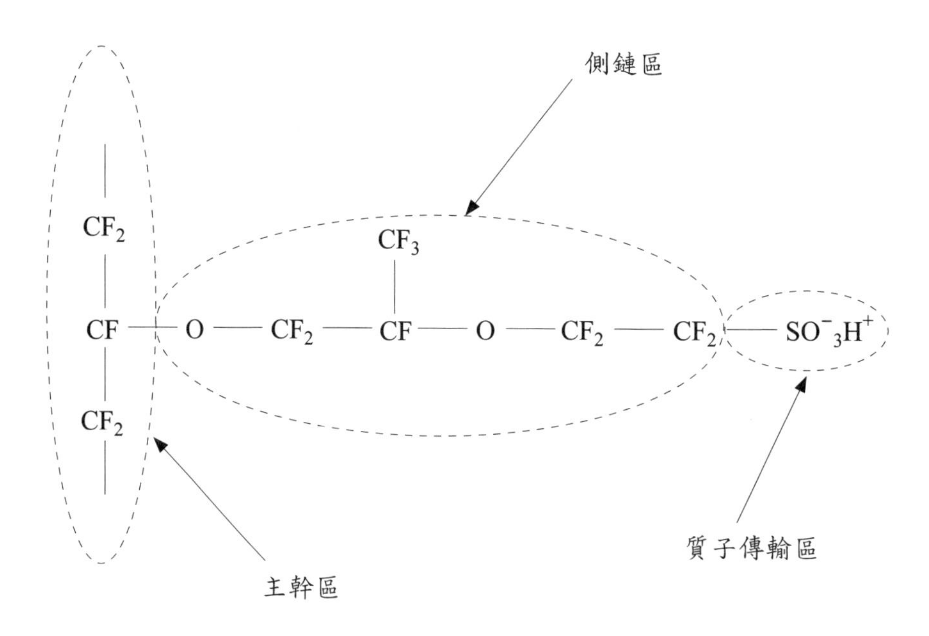

圖2-6 Nafion質子交換膜化學結構。

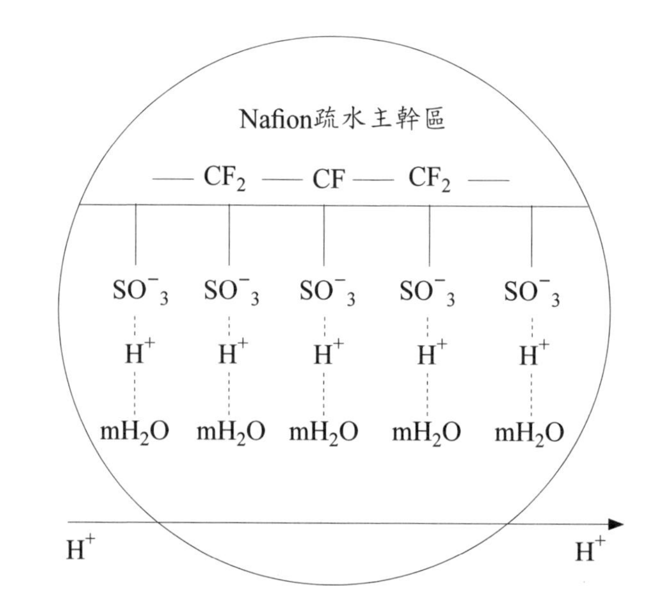

圖2-7 質子交換膜親水官能基傳遞水氫離子示意圖。

2-3 實驗分析

2-3-1 添加金屬顆粒重鑄之質子交換膜表面影像分析及重鑄之質子交換膜熱壓前後的膜厚分析

迄今質子交換膜燃料電池（PEMFC）採用的電解質薄膜為美國杜邦公司生產的Nafion®系列之全氟磺酸薄膜，它具有高質子導電率和好的化學穩定性等優點。但Nafion®膜在高溫下含水率降低，造成質子導電度迅速下降的缺點。本研究主要以MmNi5儲氫合金添加Nafion®膜中形成複合材料（如圖1-8，1-9），以提升質子交換膜內的水含量，可幫助燃料電池在不需外加增濕系統的狀態下，仍然保有良好的質子傳導能力。複合材料製備方法為直接將不同添加量（0.1克、0.4克）的MmNi5儲氫合金粉末和Nafion®溶液均勻混合後，在利用高溫熱壓以提升膜的機械性質。製備好的膜先經過前處理，再以膨潤度量測、X光繞射儀、場發射電子顯微鏡、拉伸試驗儀、熱重與熱差分析儀以及交流阻抗測試儀等儀器，觀察不同添加量下複合材料的物性與化性分析。最後再將薄膜和商用觸媒熱壓成膜電極，探討複合薄膜對燃料電池性能的影響。

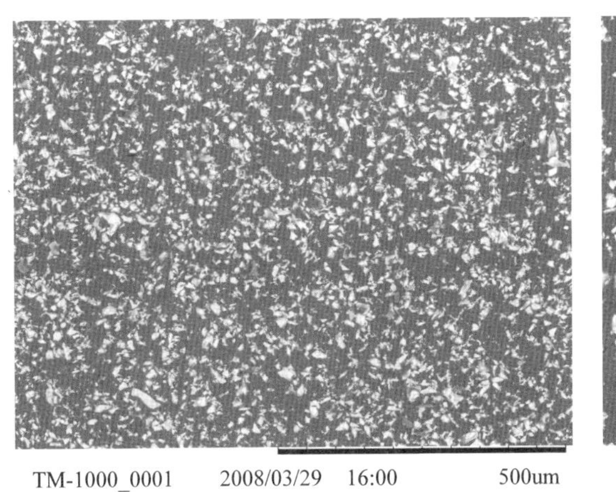

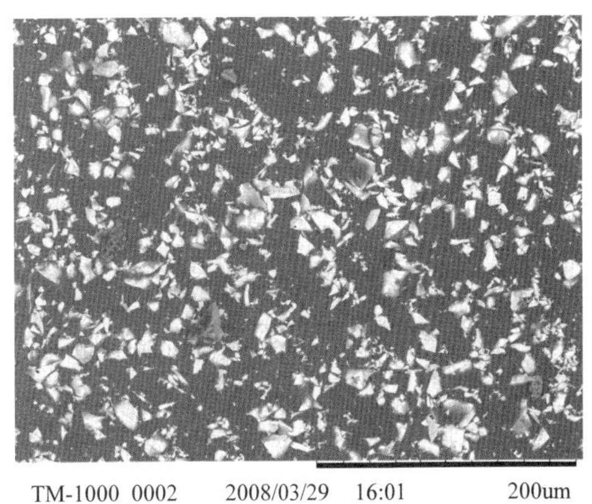

圖2-8 MmNi5儲氫合金添加Nafion®膜中形成複合材料之金屬分佈狀態及顆粒大小[20]。

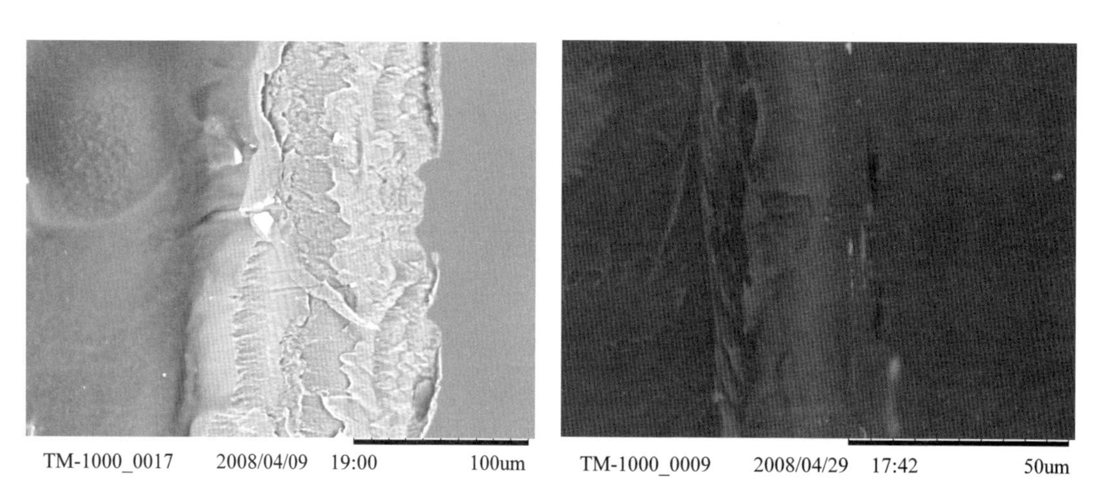

圖2-9　重鑄之質子交換膜熱壓前後的膜厚分析[20]。

實驗二　金屬表面刮痕影像分析

3-1 金屬材料金相分析[2，11]

金屬材料具有優越的機械性質及綜合性的功能，從早期19世紀至今，對於金屬系統性的研究成果是非常豐厚、廣泛而深入的。舉含材料科學重視的相變化，材料缺陷型態，機械性質等，其性質主要是由材料內部的顯微組織（microstructure）或稱金相組織所決定。縱然有相同的化學成分，但是經過機械加工或是熱處理等，材料內部組織即產生了變化，而所顯現的機械性質、物理性質或化學性質等，會有明顯的外觀變化或成分改變。例如：強度、硬度、韌性、疲勞、脆性、剛性、熱膨脹係數等。

金相分析主要是觀察及研究金屬及其合金的結構、組合物和金屬性質關係的研究。研究範圍包含，陶瓷、電子材料、高分子材料和複合材料等。金相分析是研究材料顯微組織的基本方法，藉由基本的金相組織觀察與探討，更能進一步的深入研究材料內部微結構受力變形的結構變化，作為研發新材料的重要資料。

金相分析始於十九世紀，進入了二十世紀以後，電子顯微鏡的發明，更是將金相分析推升到更精確、更清楚、更明顯的境界，使得在材料顯微分析及應用上，有更明確的證據。

3-1-1　金相定性與定量分析

使用光學顯微鏡來分析金屬材質的金相，所觀察到的是材料顯微組織的形態，解析度大約在微米以上，可初步判斷試片化學組成或晶體結構。而如以掃描式電子顯微鏡或穿透式電子顯微鏡，更是可將觀察刻度推進到次微米及奈米以下的境界。

金屬材料的金相定性分析是對材料組成物的分佈、型態、裂紋方向、孔隙度等做觀察，巨觀分析常用於觀察大區域的組織變化、缺陷及分佈，而電子顯微鏡微觀分析可看到組織的特性，如：組成物的相、形狀、分佈、晶界、晶粒的形狀及分佈、析出物等，可由此更能了解金屬材料的機械加工、熱處理、化學加工處理後的變化。

金屬材料的金相定量分析，經由材料組成物的定性觀察，了解到組成物相，晶界、晶粒、缺陷等形狀及分佈狀態，在利用統計量數方式了解整體的微結構，進而獲得一些精確的定量分析，組成物的體積比、晶粒大小、潔淨度、硬度、差排密度、刻痕深度等均可由此獲得，而這些都和材料的性質有密切的關係。

3-1-2 金相分析應用

材料的適用評估、製程及產品品質的檢驗、新材料的開發等，均可使用金相分析，其應用層面極為廣泛。從材料的金相觀察中，可檢驗出金屬材料鑄件在鑄造過程中所產生的缺陷，如氣孔、縮孔、裂縫、殘渣，鍛造或壓延過程中的破裂或斷裂，不當的熱處理過程容易產生碳脫離、晶粒粗大、有析出物、淬裂等，電鍍或鍍膜或焊接操作過程如粗糙，容易使得鍍層和基材介面間殘留雜質，雜渣或溶入物不足等均可由金相組織上觀察到。物件使用後的檢查，則可以檢驗出破裂與缺陷的關係。若材料受到鏽蝕，亦可藉由金相看出氧化反應的生成物厚度與緻密性，腐蝕的方式是否為應力腐蝕，其路徑是否沿著晶界或其他路徑進行。

3-2 金屬膜表面刮痕測試簡介[12、13]

奈米刮痕測試主要是量測薄膜與基材間的附著力。原理是利用鑽石探針側向施力於薄膜表面上，讀取表面刮痕與探針受力大小，做為度量薄膜附著力的依據。MTS奈米壓痕系統（Nano Indenter XPW SYSTEM），可針對12吋晶圓以下的試片進行奈米壓痕測試（nanoindentation）及奈米刮痕測試（nanoscratch）以及表面形貌量測與磨耗測試，可進行多種物理特性的量測，如硬度、彈性模數、斷裂韌性、試片表面摩擦係數、刮痕臨界負載及量化的試片表面形貌。而掃瞄式電子顯微鏡亦可量測薄膜的表面或斷面形態、成份及厚度。原理是利用反射電子束或二次電子束的成像，獲得薄膜表面及斷面形貌。

刮痕試驗：

刮痕試驗法（scratch test）測試薄膜與基材之間附著力的原理（圖3-1所示），使用一加有荷重之刮針於薄膜表面上進行刮痕，測試時，逐次增加荷重，刮除鍍膜直看到母材為止，此時所相對應的荷重為臨界荷重（Critical Load），可做為薄膜與母材之間附著力大小的重要指標，另有研究者表示將薄膜本身開始出現破裂時的荷重稱之為低臨界荷重，用來表示薄膜本身內聚力的大小，看到母材時的荷重稱之為高臨界荷重，表示薄膜和母材之間附著力的大小。刮痕試驗法是定量的分析方法，在學術界及工業界均以此為量測薄膜附著力之標準。薄膜的附著性質為鍍膜應用上之重要因素。

3-2-1　影響實驗的因素

1. 尺寸效應。
2. 表面粗造度效應（圖3-2）。
3. 陷入和凸起效應（圖3-3）。
4. 黏著效應。

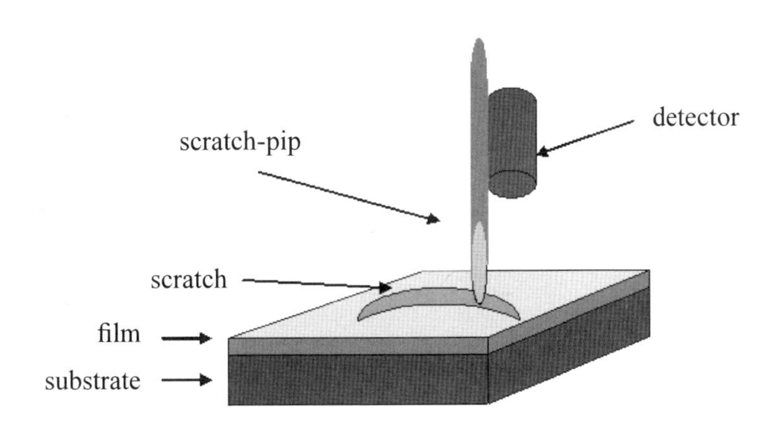

圖3-1　刮痕試驗[12]。

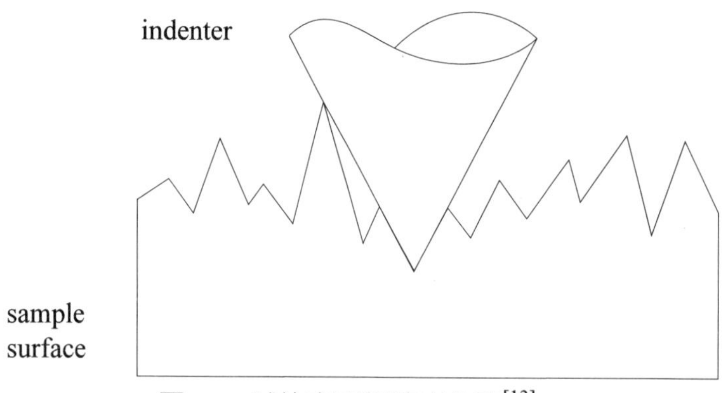

圖3-2　試片表面粗造度效應[13]。

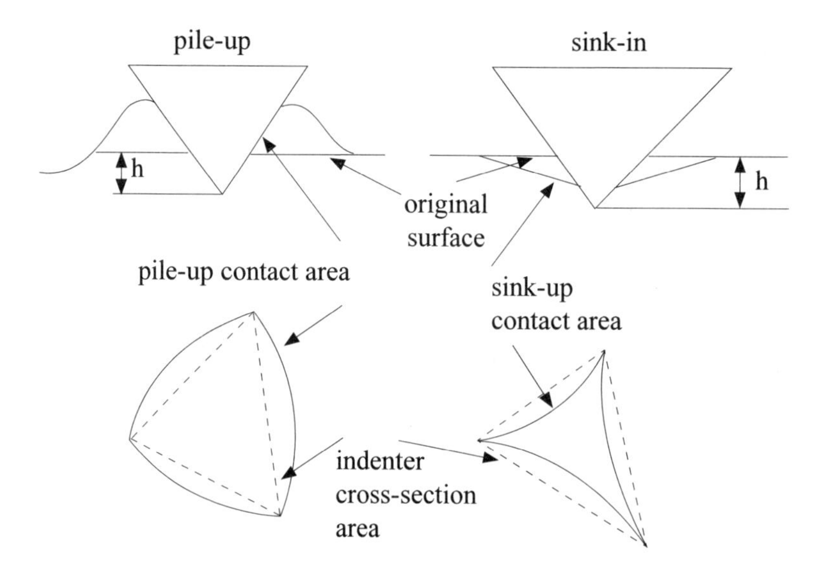

圖3-3　試片表面凸起和陷入效應[13]。

3-3 實驗分析

高鉻Fe-Cr-C硬面合金，因要在此硬面合金上做硬度測試,所以先把金屬拿去刮測硬度,並用TM-1000型SEM觀察表面初步的狀況後再判斷是不是要去做奈米壓痕分析（如圖3-4，3-5）。

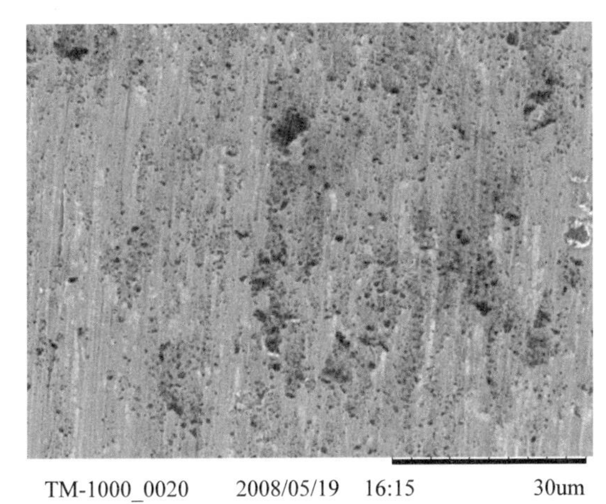

圖3-4　高鉻Fe-Cr-C硬面合金刮痕前。

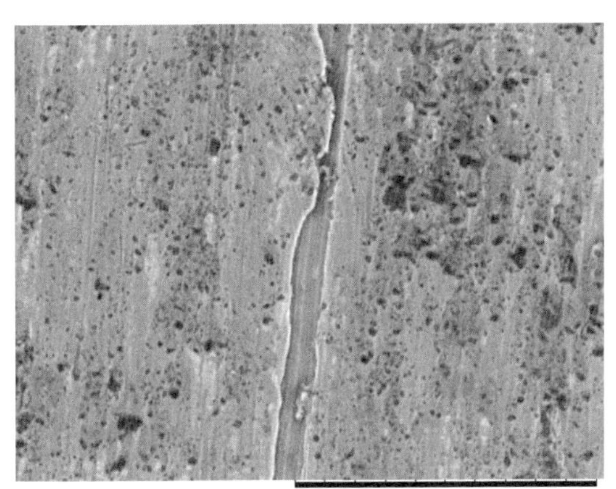

圖3-5　高鉻Fe-Cr-C硬面合金刮痕後。

實驗三　骨骼表面影像分析

4-1 骨骼疏鬆與強化簡介

根據醫學檢驗報導，50歲以上的成年人約有2-4成左右，經骨科醫師診斷患有骨質疏鬆症，但在這個年齡層中，卻有近半數以上的人很少喝乳製品或黃豆類含鈣質食物，這對於該年齡層的成年人，骨質隨著歲月的流失，又沒有適時補充鈣質，對於骨骼的保健，真是雪上加霜，值得深刻注意。骨骼的成長是持續性的，從嬰兒出生到青少年青春期的後期骨骼都還在成長，且在二十歲左右達到顛峰時期。進入成年期之後，骨質就會漸漸流失掉，骨質密度也隨著年齡增長而降低，骨質出現疏鬆空洞，容易因不良施力或是外力衝擊造成骨骼斷裂，骨骼的健康，一刻也不能等待。

因此從兒童時期始應建立正確的健康生活型態與觀念，飲食方面多攝取含鈣食品，例如：乳製品（羊乳、牛乳、優酪乳、優格、乳酪等）、小魚乾、蛋黃、黃豆製品、深綠色蔬菜等，可以強化骨骼，以降低在成年人時期患骨質疏鬆症之發生。

骨質疏鬆症（osteoporosis）的發生原因是骨骼中鈣、磷元素的流失，而骨質流失後的骨頭受外力衝擊時很脆弱的，病人大多是意外造成骨折引起劇痛，醫療的過程中才發現罹患有骨質疏鬆症。骨質疏鬆初期多半是沒有任何症狀，一般是不易察覺，老年人的駝背與身高變矮等均是骨質流失所造成的。骨質疏鬆症所引起之骨折，最常發生於橈骨、股骨和脊椎骨，這嚴重的影響到患者及其家人的生活品質[15]。

4-1-1　造成骨質疏鬆高的因素及危險群

遺傳因素：	內分泌因素：	環境因素：
1.家族遺傳有人罹患骨質疏鬆症者。	1.女性居多。	1.長時間低鈣、低維生素D攝取者。
2.有髖關節骨折家族史者。	2.45歲前停經者及年長男性。	2.不良煙酒嗜好過量者。
3.女性居多。	3.長期使用類固醇者。	3.缺乏適度運動者。
4.瘦小體型者。		4.老年長者。

4-1-2　含鈣食物一覽表

魚類：金錢魚、白帶魚、草魚、吻仔魚、蝦皮、小魚干。

豆類：黑豆、臭豆腐、傳統豆腐、花生。

乳製品：牛奶、優酪乳、乳酪、奶粉。

植物菜類：高麗菜、莧菜、芥藍菜、黑甜菜、山芹菜、芥菜、韭菜、青蔥、青蒜、油菜花、芹菜、甘藷菜、空心菜、青江菜、香菜、菠菜、綠豆芽、小白菜、紅莧菜、九層塔、川七、油菜、皇冠菜、紅鳳菜。

海藻：髮菜、海帶（甲狀腺病友勿用）。

穀類：綜合穀類粉、白芝麻、杏仁粉、黑芝麻、麥片、養生麥粉。

海鮮殼類：文蛤、小卷（鹹）、蝦仁、 紅蟳、海鰻、文蜆、風螺、干貝、白海蔘。

乾果類：龍眼乾、紅棗、黑棗、開心果、蓮子、核桃、芒果乾。

〔參考：http://tw.myblog.yahoo.com/jw!dIiNT72fGRxzVUh7O5mC/article?mid=17]〕

4-2　相關研究參考—骨組織為結構與奈米機械性質之研究[16]

生物體的硬組織，舉含包括，骨骼、指夾、牙齒、角、爪、鱗片等，均由多層次奈米結構所組成，能夠清楚了解到生物體硬組織的微結構與機械性質，對於仿生材料的開發及醫學研究上將會有很大的助益，此參考研究是以鼠骨為主[16]。研究成鼠與年輕鼠、手術鼠以及骨質疏鬆經治療後之鼠股骨微結構與機械性質之差異。借此了解生物材料的機械性質，對於仿生材料的開發或應用於醫學臨床上的治療皆有相當大的幫助。然而骨頭結構細微且複雜程度高，在於傳統式的巨觀分析技術上已不敷使用，無法清楚了解個部位的微結構與機械性質[17，18]，取而代之的是以掃瞄式電子顯微鏡及奈米壓痕等高解析分析儀器，進行骨頭之微結構與機械性質分析，將生物材料機械性質的分析由微米尺度延展到奈米等級，加以精確量測，從中充分了解生物材料奈米結構與機械性質之間的關聯性[19]。

4-3 實驗分析

本參考研究分析儀器主要是以場發射掃瞄式電子顯微鏡（FE-SEM）及Hysitron奈米壓痕儀為主，TM-1000型桌上型掃瞄式電子顯微鏡為輔，進行微結構及機械性質的分析。

圖3-1～3-3，骨頭的照片主要在於顯示TM-1000型SEM可以在不需要脫水的狀況下觀察骨頭跟骨髓，比傳統的需要脫水才能觀察可以更貼近真實的面貌。先由解析度較低的TM-1000型SEM做初步觀察，在依研究需求進展到使用高解析力的場發射掃瞄式電子顯微鏡做更細微的微結構分析，以得到更準確的分析結果。

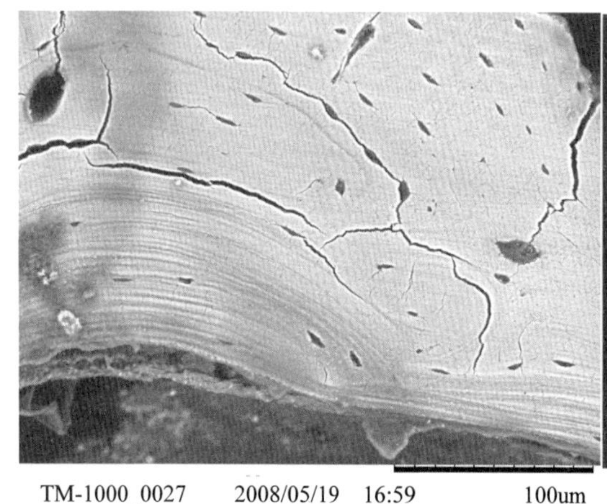

圖4-1　鼠股骨。

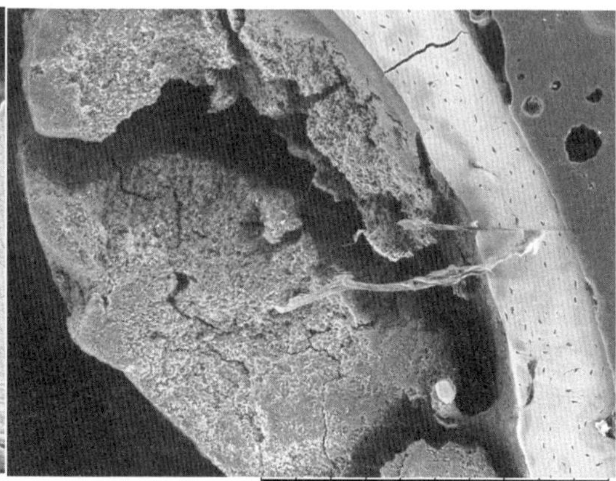

圖4-2　鼠骨股骨髓。

實驗四　儲氫合金粉體破裂面影像分析[20-26]

5-1 儲氫合金簡介

氫氣（H_2）是元素週期表內最輕、最小的元素，被公認為是21世紀的新能源。氫的來源非常廣泛，也非常充足，可透過在天然沼氣和天然氣中獲得氫氣的收集，也可以透過石油裂解製取氫氣，可取得氫氣的方法千萬種，經過源源循環更是可將氫氣的運用及生成發揮到淋漓盡致，氫將成為一種取之不盡、用之不竭的能源。

21世紀的人類已經面臨嚴重能源危機的時刻，開發新能源是刻不容緩的事，因為氫能是一種對環境很溫和且具高效率之清淨能源。近年在燃料電池應用上效果頗佳潛力極高，尤其它不排放廢氣，直接由氫與氧之化學反應產生電能，不受限於卡諾效率，具有環境零污染之高效率能源。

在綠色環保與替代能源的雙重議題下，世界各國均投注大量的資源在氫能科技上研究，而儲存氫氣技術更是主導著氫能源發展的重要關鍵，必須達到最安全儲存的要求，進而發展儲氫合金與合金釋氫的有效利用。

何謂儲氫合金，簡言之：大量的氫氣被金屬所吸收，形成金屬氫化物，並在適當的操作條件時釋出氫氣。一般而言，金屬原子是整齊的排列在晶格內。在晶體內原子與原子之間存在著許多空隙，空孔或著缺陷，可以在適當的條件下容納一些較小的原子，如氮、氫、氧、碳等，並可使這些小原子遊走於空隙中。氫原子是最小的元素，僅由一個質子和一個電子所組成，幾乎可以進入各種金屬或金屬化合物的內部，結合成氫化物或固溶體。

西元1866年	英國人Thomas Graham首先發現金屬鈀（Pd）能大量吸收氫氣，直到現今，鈀仍被多數研究者所研究，鈀是一種有效純化氫氣的金屬。
西元1914年	Sievert發現低濃度下金屬固體中氫的濃度（Hsolid）正比於$P^{1/2}$（P為氫的壓力）。Sievert's Law：Hsolid = $K_sP^{1/2}$（K_s：Sievert's constant）
西元1960年代末期	Zijlstra和Westendorp發現在壓力20atm的室溫下，每莫耳的$SmCo_5$能吸收2.5克氫原子且在壓力降低至1atm後又能將吸入的氫釋放出來[26]。
	荷蘭飛利浦公司發現$LaNi_5$儲氫合金在常溫下有良好的可逆吸放氫性能[27，28]。
	美國Brookhaven 研發出TiFe系二元合金[29]。
西元1970年以後	日本產業界及學術研究機構相繼投入儲氫合金的開發與生產[30]。
	松下電器中央研究所的TiMn系合金。
	大阪工業技術試驗所$MmNi_5$添加Al，Cr，Zr等的合金（Mm：Misch Metal，混合稀土合金），金屬材研所的Fe-Ti-O系合金等。

5-2 儲氫合金的分類

儲氫合金的金屬大多是由多種元素所組成的，目前研究成功的合金主要種類分為：鐵鈦合金、鎂系合金、稀土鑭鎳系、鋯系、釩、鈮、鉛等多元素系等；按主要組成元素的原子比例可分為：AB型、A_2B型、AB_2型、AB_5型。其中A成分為吸氫元素，B成分為釋氫元素，A元素需與氫原子間有強親和力，其金屬結晶晶格易吸收氫而形成金屬氫化物，在高吸氫金屬中與氫原子間添加B成分元素，此元素有較弱親合力但有助於氫原子釋放，其具有催化、調節吸放氫之化學反應的熱力學及動力學性質等特殊功能[31，32]。

吸氫元素	如：Mg、Ti、Zr、La等金屬元素，此類元素與氫原子之間需具有很強的鍵結。
調節元素	如：Mn等金屬元素，此類元素可以降低氫鍵的鍵結，進而幫助氫原子的釋放，但也會降低原本金屬的儲氫量。
催化元素	此類元素在吸放氫的過程中具有催化性的性能，幫助氫分子在接近金屬基材表面時，易於將氫分子解離為氫原子而進入金屬基材內部，如：Fe、Co、Ni、Cu等金屬元素。
功能性元素	此類元素可以增加合金本身的抗氧化性、抗腐蝕性，如：Cr、Ni、Mo等金屬元素。

另外儲氫合金也可以按晶態與非晶態、粉末與薄膜進行分類[33]。儲氫合金的基本性能與主要用途如表5-1所示[34]，而表5-2則為四種儲氫類型的一個整體比較[35]。

表5-1　四種典型儲氫合金的基本性能與主要用途。[36]

合金類型	合金	儲氫量（wt%）	反應熱（KJ・mol^{-1}）	分解壓（MPa）	用途
AB	TiFeZrNi	1.8	−23.0	1.0（50℃）	儲氫容器，汽車燃料箱
A_2B	Mg_2Ni	3.6	−64.4	0.1（250℃）	儲氫容器，汽車燃料箱
AB_2	$Ti_{1.1}Fe_{0.8}Ni_{0.2}Zr_{0.05}$ $TiMn_{1.5}$ $ZrMn_2$	1.2	−43.1	0.95（165℃）	熱泵，蓄熱裝置
	$TiMo_{1.5}$	1.8	−28.5	0.5～0.8（20℃）	儲氫容器，電池，熱泵
AB_5	$LaNi_5CaNi_5$	1.4	0.4（50℃）	−30.1	儲氫容器，電池電極，熱泵，壓縮機，精緻氫，傳感器，馬達
	$MmNi_{4.5}Al_{0.5}$	1.2	0.5（20℃）	−29.7	儲氫容器，電池，熱泵，壓縮機
	$MmNi_{3.55}Co_{0.75}Mn_{0.4}Al_{0.3}$	1.3	0.05～0.5（45℃）	−	儲氫容器，電池

表5-2　四種儲氫類型的整體比較。符號說明：−=差；0=中等；+=佳.

合金類型	AB_5	AB_2	AB	A_2B
功能性	+	+	+	0
氫儲存能力	0	+	+	+
活性	+	0	−	0
雜質影響	+	0	−	0
壓力、組成、溫度曲線	+	+	+	−
循環穩定性	+	0	−	−
價值成本	0	+	+	+

5-3 儲氫合金吸放氫動力學與熱力學

5-3-1 儲氫合金吸放氫動力學

固態的金屬或合金（M）直接與氫氣反應，生成金屬氫化物（MH_n），反應式如下表示：

$$M + \frac{n}{2}H_2 \leftrightarrow MH_n + \Delta H$$

其中，M：儲氫合金

MH_n：金屬氫化物

ΔH：反應熱

上述反應式其基本過程包括下列幾項：

1. 物理吸附（Physisorption）：氫氣從氣態接近金屬表面利用凡得瓦爾力被表面吸附。

$$H_{2(g)} \Leftrightarrow H_{2(ad)}$$

2. 化學吸附（Chemisorption）：延續步驟1過程被吸附的氫分子，在金屬表面被打斷鍵結分解成氫原子形成被吸附的氫原子。

$$H_{2(ad)} \Leftrightarrow 2H_{(ad)}$$

3. 解離後的氫原子由金屬表面滲透（Surface Penetration）入金屬格隙中形成固溶體，形成α相的固溶體，一直到α相的固溶體飽和後，開始產生β相。
4. 藉由擴散（diffusion）金屬中固溶的氫再往內部擴散，但此擴散行為必須克服由化學吸附到溶解至金屬內部的活化能障。當固溶體中的氫原子過飽合時，多餘的氫原子會與固溶體反應形成金屬氫化物，並放出生成熱。
5. 新的β相在α相外圍生成，即形成氫化物（dydride formation）。兩相共存後，再形成其它含氫更多的相。

上述的反應方程式為可逆的，所有過程如（圖5-1）所示。[37]

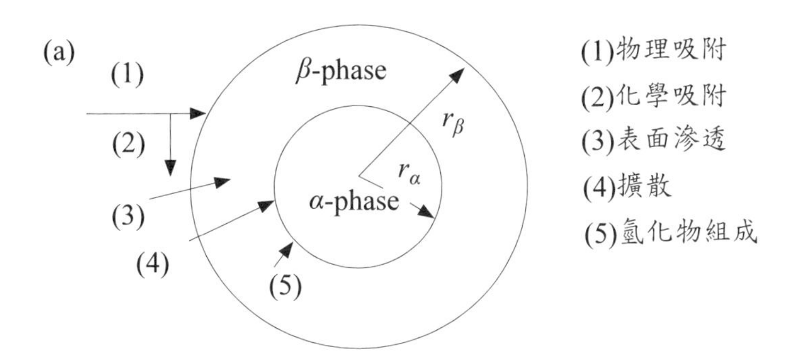

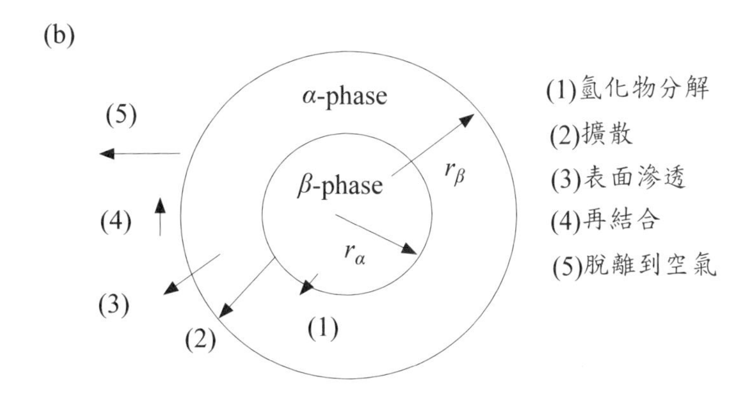

圖5-1　儲氫合金(a)吸氫(b)放氫的過程。

5-3-2　儲氫合金熱力學

欲瞭解儲氫合金之熱力學性質，可藉由Seivert's type apparatus量測之，並可探討其儲氫性能。由所得之壓力及組成和溫度之關係作圖，可得到P-C-T曲線（Pressure-Composition-temperature curve），可由圖得知氫與合金在恆溫條件下作用達平衡時，氫氣平衡壓力與合金中氫含量之關係，（如圖5-2）[38]所示。一般而言，由P-C-T曲線圖可得知以下訊息：

(a)平衡壓力PH_2與合金中氫含量C之對應關係。
(b)在定溫下，金屬之最大儲氫量。
(c)合金之吸放氫平台壓（plateau pressure）範圍。
(d)吸放氫之可逆程度。
(e)循環操作下之P-C-T曲線可決定儲氫材料之循環壽命。

儲氫合金之P-C-T曲線，曲線接近平緩處相對於氫濃度變化為一壓力變化較小的平台區。而吸氫與放氫的平台差異稱之為遲滯（hysteresis）現象，此現象發生原因，仍未能被完全解釋及接受，但在合金的選擇上仍以平台區平緩且寬廣，遲滯現象較小者為佳。

儲氫合金材料吸／放氫的熱力學性質可由金屬氫化物吸／放氫的平衡壓表示之，過高的氫平衡壓力會讓氫原子難以進入儲氫材料內，或者氫原子易於合金中釋出而無法達到儲存氫原子的功效；而過低的氫平衡壓會讓合金與氫原子易於結合，使得氫原子不易脫離儲氫材料而釋出。因此氫平衡壓的高低相對於儲氫合金之性能有著密切的關係。

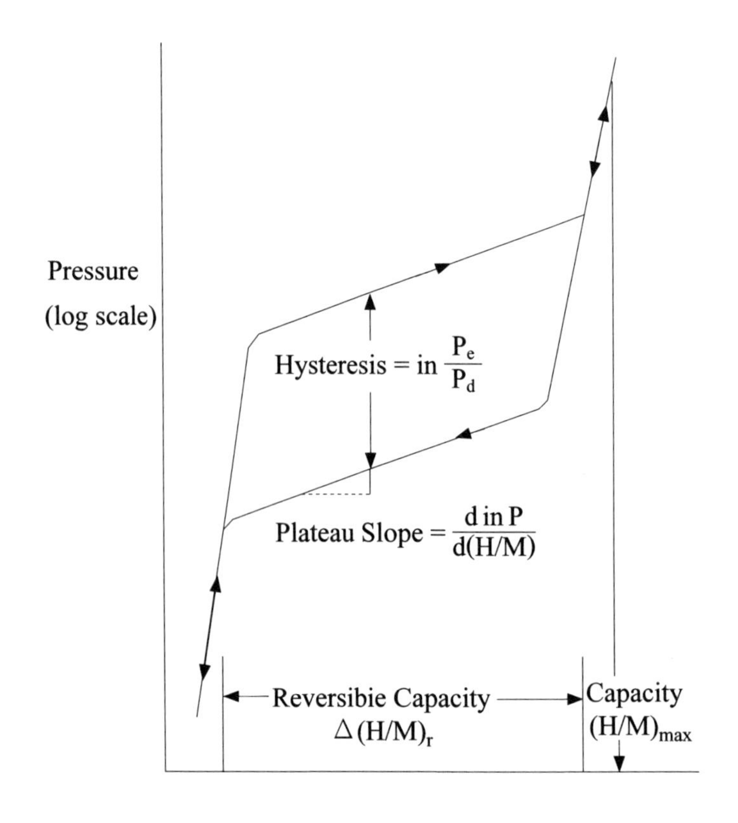

圖5-2　PCT曲線。

5-4 實驗結果

發射掃瞄式電子顯微鏡分析（FE-SEM）及桌上型TM-1000掃瞄式電子顯微鏡。

圖5-3(a)(b)為$MmNi_5$儲氫合金粉末在場發射掃瞄式電子顯微鏡於200倍放大倍率下所拍攝的圖及桌上型掃瞄式電子顯微鏡照片。由於$MmNi_5$儲氫合金的製造方法是採用真空感應熔煉法製作，將各金屬在高溫爐中混合熔煉，然後將鑄錠快速冷卻，再經過切割、壓裂或粉碎而產生，所以合金粉末的外表大多呈現出不規則的多角形，其破裂面大且平滑。

圖5-4(a)(b)分別為recast-Nafion®膜在熱壓前與熱壓後，利用掃瞄式電子顯微鏡所拍攝，放大倍率為200倍之表面形貌。由圖中可以看出膜在熱壓前的表面相當平整，經過熱壓後，因為膜的厚度不均勻，造成膜受到熱以及壓力所變形的程度不同，而產生捲曲的現象。

圖5-5(a)(b)分別為添加0.1克$MmNi_5$/Nafion®複合膜熱壓前與熱壓後放大倍率為1000倍之掃瞄式電子顯微鏡照片。圖中可看出$MmNi_5$/Nafion®複合膜熱壓之後，儲氫合金顆粒明顯的受到壓力而凹進膜內。且由於放大倍率較高，熱壓後的膜捲曲程度便顯的較不明顯。另外和添加0.4克$MmNi_5$/Nafion®複合膜相比，如圖5-6(a)(b)，只添加0.1克儲氫合金的膜含量較少，所以儲氫合金在整個膜內的散佈較稀少。在儲氫合金添加量0.4克的時候，未熱壓的膜因為有許多儲氫合金被埋在Nafion®複中，所以看起來分佈不均勻；但經過熱壓後，就可以很明顯看出儲氫合金大量的分佈在Nafion®膜中。而儲氫合金和膜的介面也因為熱應力造成剝離，而產生了許多的凹洞。

圖5-3　(a)$MmNi_5$儲氫合金粉末於200倍放大倍率下的場發式掃瞄式電子顯微鏡照片。

圖5-3　(b)$MmNi_5$儲氫合金粉末於TM-1000型桌上型掃瞄式電子顯微鏡照片。

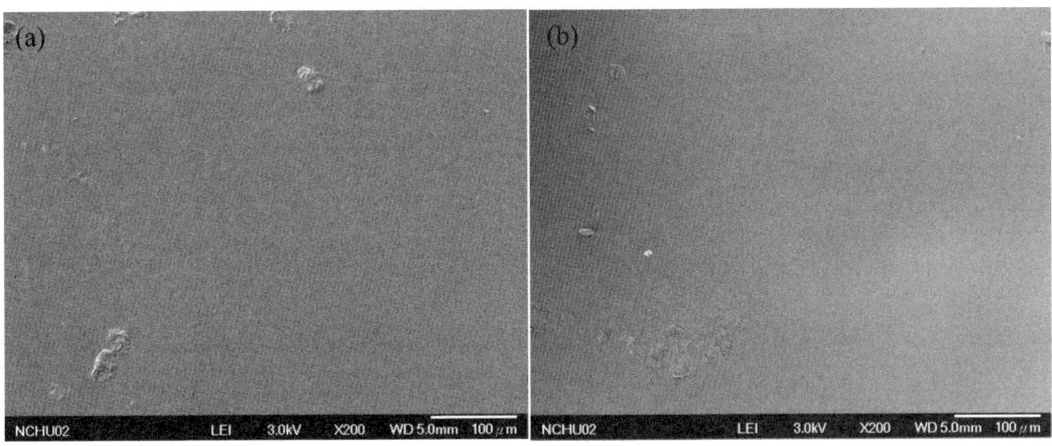

圖5-4　recast-Nafion®膜(a)熱壓前與(b)熱壓後放大倍率200 倍之掃瞄式電子顯微鏡照片。

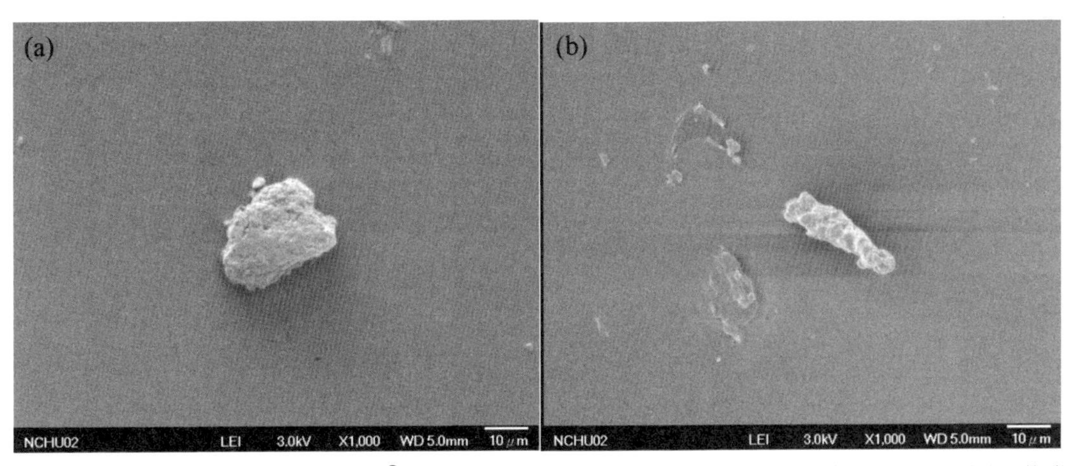

圖5-5　添加0.1克$MmNi_5$/Nafion®複合膜(a)熱壓前與(b)熱壓後放大倍率為1000倍之掃瞄式電子顯微鏡照片。

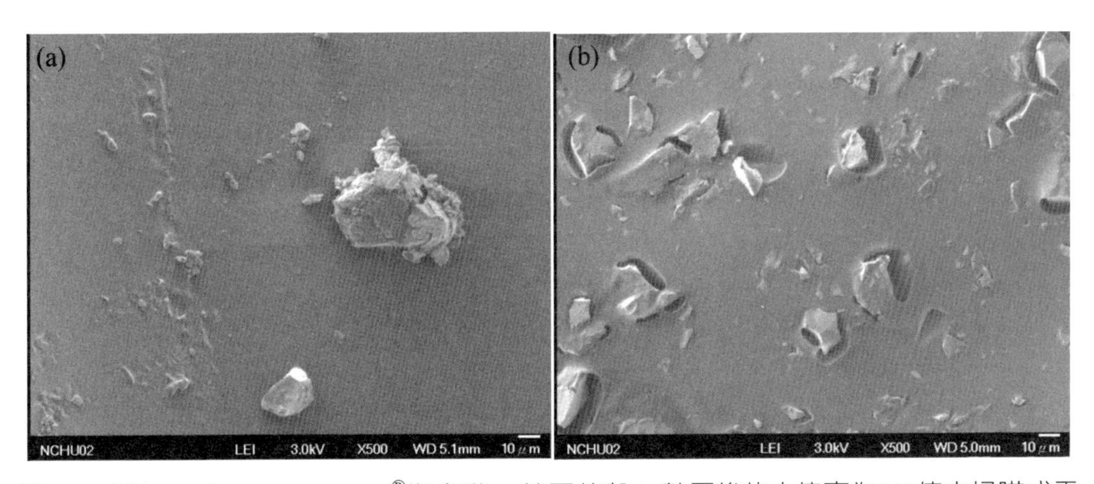

圖5-6　添加0.4克$MmNi_5$/Nafion®複合膜(a)熱壓前與(b)熱壓後放大倍率為500倍之掃瞄式電子顯微鏡照片。

第三章　參考文獻

[1].陳力俊，材料電子顯微鏡，精密儀器發展中心，1999.09。

[2].汪建民，材料分析，中國材料科學學會，1998.10.。

[3].國立中興大學貴重儀器中心2007年場發射掃描式電子顯微鏡（FE-SEM）使用者研討會資料。

[4].國立中興大學研發處貴儀中心電子顯微鏡簡介。

[5].Joseph I. Goldstein et.al. "Scanning electron microscopy and X-ray microanalysis", Plenum, 1992.

[6].David B. Williams & C. Barry Carter, "Transmission electron microscopy", Plenum, 1996.

[7].http://www.me.tnu.edu.tw/~me010/thdoc/962/SEM-1.pdf [SEM].

[8].黃鎮江，燃料電池，全華科技圖書股份有限公司，2005。

[9].衣寶廉，燃料電池一原理與應用，五南圖書出版社，2005。

[10].趙文愷，「添加親水性γ-氧化鋁於陽極觸媒層中改善PEMFC的效能」碩士論文，國立中興大學材料工程研究所，2007。

[11].杜正恭，金屬材料，行政院國家科學委員會，1990。

[12].張振福，「微波化學氣相沉積及磁控濺鍍成長類鑽石之研究」國立中山大學電機工程研究所博士論文，2002。

[13].張瑞慶，「奈米壓痕技術與應用」，聖約翰大學機械系教授。

[14].Oliver, W. C., and Pharr, G. M., "An improved technique for determining hardness and elastic-modulus using load and displacement sensing indentation experiments", J. Mater. Res., 7, (1992) 1564.

[15].林麗真「台灣停經婦女骨質密度與生活習慣研究」碩士論文，中國文化大學／生活應用科學研究所，2002。

[16].蕭翔隆，「骨組織微結構與奈米機械性質之研究」碩士論文，國立中興大學材料工程研究所，2008。

[17].E R. C. Draper, and A. E Goodship, "A novel technique for

four-point bending of small bone sample with semi-automatic analysis", J. Biomech., 36 (2003) 1497.

[18].S. P. Kotha, and N. Guzelsu, "Tensile damage and its effects on cortical bone", J. Biomech., 36 (2003) 1683.

[19].T. Hoc, L. Henry, M. Verdier, D. Aubry, L. Sedel, and A. Meunier, "Effect of microstructure on the mechanical properties of Haversian cortical bone", Bone, 38 (2006) 466.

[20].黃驛程，「*$Mmni_5$/Nafion*複合膜之製備與性能研究」碩士論文，國立中興大學材料工程研究所，2008。

[21].Tabor, D., *The hardness of metal*, Oxford Univ. Press, 1951.

[22].Bhushan, B., Handbook of micro/nanotribology, 2nd ed., CRC Press, Boca Raton, 1999.

[23].Tabor, D., Indentation hardness: fifty years on a personal view, *Philos. Mag. A*, 74, (1996) 1207.

[24].Nix, W. D., and Gao, H., Indentation size effects in crystalline: a few for strain gradient plasticy, J. Mech. Phys. Solids. 3 (1998) 411.

[25].鄭維亞，世界有色金屬，9（1999）46。

[26].H. Zijlstra, and F. F. Westendorp, Sol. State Comm., 7 (1969) 857.

[27].J. H. N. van Vucht, F. A. Kuijpers, and H. C. A. M. Bruning, Philips Res. Repts., 25 (1970) 133.

[28].F. A. Kuijpers, Philips Res. Suppl. , 28（1973）1.

[29]. A. R. Miedema, R. Boom, and F. R. Deboer, J. Less-Common Met., 41 (1975) 109.

[30].Y. Osumi, H. Suzuki, A. Kato, M. Nakane, and Y. Miyake, J. Less-Common Met., 24 (1978) 125.

[31].G. Sandrock, "A panoramic overview of hydrogen storage alloys from a gas reaction point of view", J. Alloys Comp., 293 (1999) 877.

[32].廖世傑，「儲氫合金」，工業材料190（2002）147。

[33].沉西湖，任學佑，「世界有色金屬」，9（1998）11。

[34].李全安，陳云貴，王麗華，涂銘旌，材料開發與應用，3（1999）。

[35].L. Schlapbach, in: L. Schlapbach (Ed.), Topics in Applied Physics, Hydrogen in Intermetallic Compounds I, 63, Springer, Berlin, (1988) 2.

[36].李全安，陳云貴，王麗華，涂銘旌，材料開發與應用，3（1999）。

[37].M. Martin, C Gommel, C. Borkhart, J. Alloys Comp., 238 (1996) 193.

[38].G. Sandrock, J. Alloys Comp., 293-295 (1999) 877.

國家圖書館出版品預行編目資料

掃瞄式電子顯微鏡實作訓練教材／薛富盛等合著. ——初版. ——臺北市：五南, 2009.04
面； 公分
參考書目：面
ISBN 978-957-11-65552-4（平裝）
1.電子顯微鏡
471.73 98001602

5E57

掃瞄式電子顯微鏡實作訓練教材

作　　者— 薛富盛(432.4)呂福興(74.3)吳宗明(62.3)
許薰丰(234.3)黃榮鑫(318.3)趙文愷(340.4)
發 行 人— 楊榮川
總 編 輯— 龐君豪
主　　編— 穆文娟
責任編輯— 蔡曉雯
封面設計— 郭佳慈
出 版 者— 五南圖書出版股份有限公司
地　　址：106台北市大安區和平東路二段339號4樓
電　　話：(02)2705-5066　傳　　真：(02)2706-6100
網　　址：http://www.wunan.com.tw
電子郵件：wunan@wunan.com.tw
劃撥帳號：01068953
戶　　名：五南圖書出版股份有限公司
台中市駐區辦公室/台中市中區中山路6號
電　　話：(04)2223-0891　傳　　真：(04)2223-3549
高雄市駐區辦公室/高雄市新興區中山一路290號
電　　話：(07)2358-702　傳　　真：(07)2350-236
法律顧問　元貞聯合法律事務所　張澤平律師
出版日期　2009年4月初版一刷
定　　價　新臺幣180元

凝煉知識 品味閱讀

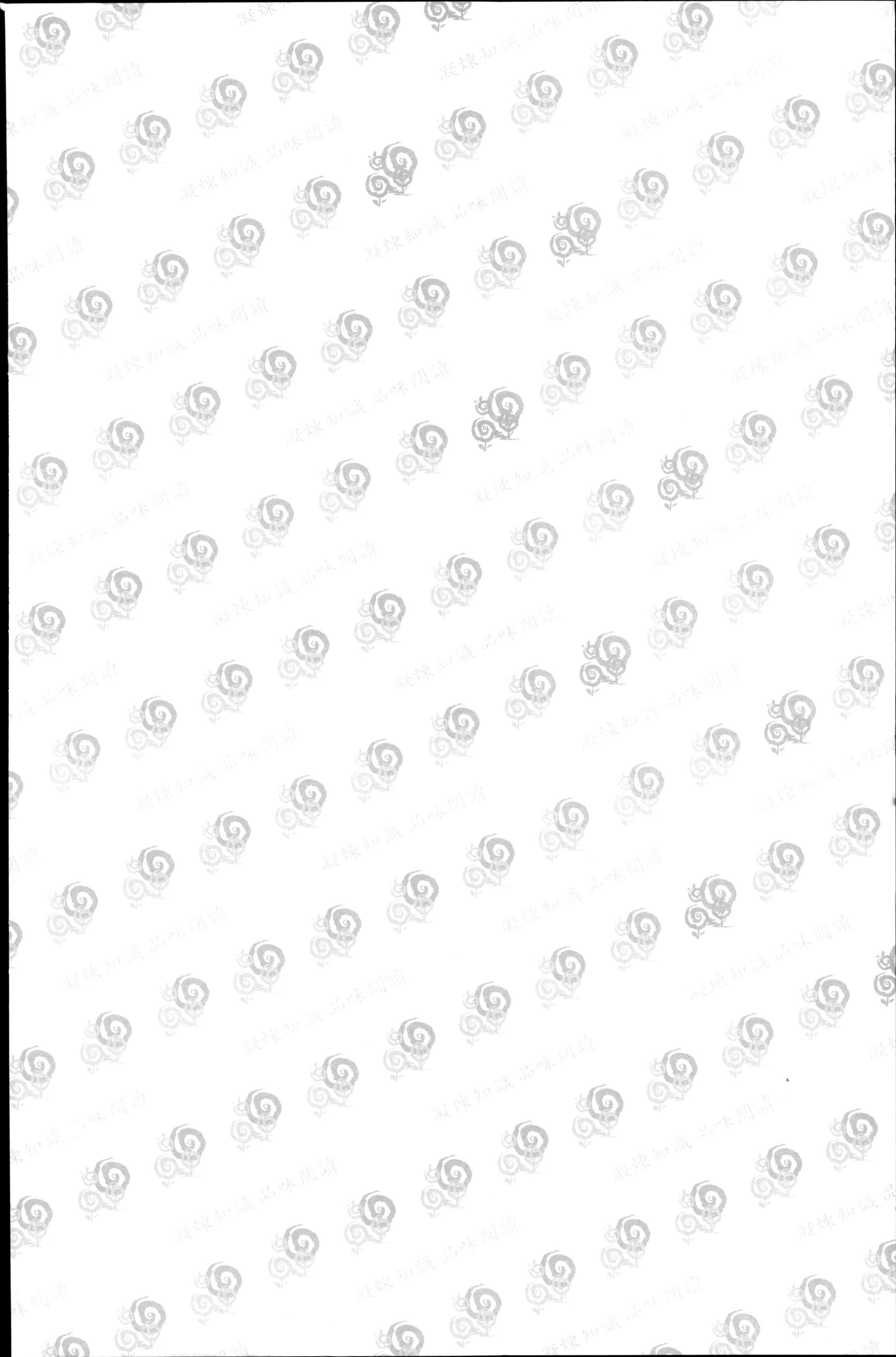